本书受西北农林科技大学经济管理学院资助出版

西北地区城乡水贫困失衡性研究

刘文新　著

U0352337

中国农业出版社

北　京

图书在版编目（CIP）数据

西北地区城乡水贫困失衡性研究 / 刘文新著. —北
京：中国农业出版社，2022.7
（中国"三农"问题前沿丛书）
ISBN 978-7-109-29694-7

Ⅰ.①西… Ⅱ.①刘… Ⅲ.①水土保持－研究－西北
地区②水资源短缺－研究－西北地区 Ⅳ.①S157
②TV211.1

中国版本图书馆 CIP 数据核字（2022）第 120466 号

中国农业出版社出版
地址：北京市朝阳区麦子店街 18 号楼
邮编：100125
责任编辑：王秀田 文字编辑：张楚翘
版式设计：杜 然 责任校对：吴丽婷
印刷：北京中兴印刷有限公司
版次：2022 年 7 月第 1 版
印次：2022 年 7 月北京第 1 次印刷
发行：新华书店北京发行所
开本：700mm×1000mm 1/16
印张：10.5
字数：210 千字
定价：68.00 元

　　水资源是地球上所有国家和地区维持生命与经济发展的基础性资源。在发展中国家，特别是对穷人而言，家庭的取水时间与成本、与水资源有关的卫生健康问题、生产生活用水的供应和获取都是非常重要的。由于这些问题，发展中国家的贫困地区往往更易受到短期冲击和气候变化带来的长期变化的影响。此外，由于人口密度增加、资源竞争加剧、环境退化和生物多样性丧失，也导致了数百万人面临水资源短缺风险。科学合理的水资源评价往往被认为是制定合适的水资源管理政策的前提条件。然而，水资源是动态的系统，它既不是线性的也不是直接的，受人与人之间的关系活动及环境交互的影响。除了上述的因素以外，我国也有着自身固有的发展问题。受城乡分割发展模式的影响，国家在水资源的分配与建设上采取了以城市为中心的发展战略，却忽视了农村水资源的建设与发展，导致了农村水资源建设严重滞后。因此，水资源利用效率低下、气候变化、水资源环境恶化以及用水矛盾四者交织在一起，成为限制中国可持续发展的阻碍因素之一。但目前来看，一方面，现行的水资源评价方法主要集中于用水效率的测度，而忽略了社会适应性以及生态环境对于水资源的影响；另一方面，现有研究主要集中于农村地区的水资源驱动因子方面的研究，而忽略城市与农村之间的交互影响，从而制约了水资源管理政策的精确性与差异性。

　　本书研究的核心问题是如何解决城乡水资源发展失衡的问题，主要围绕三个方面开展研究：第一，城市水资源和农村水资源的发展状况如何？第二，城市水资源和农村水资源之间存在怎样的失衡关系？第三，如何制定科学合理的水资源管理政策以解决城乡水资源发展失衡难题？基于此，通过对现有研究文献的细致梳理，总结了有关水资源评价的研究成果和研究方法，通过对水贫困理论的概念、理论框架以及理论基础的详细解读，我们构建了水贫困理论下的水贫困指数测度模型。在此基础上，我们确定了城市水贫困和农村水贫困的评价指标体系。本书首先测算了西北地区各地市 2000—2017 年的城市水贫困程度和农村水贫困程度，从资源、设施、能力、使用与环境五个维度全面评价西北地区城市—农村水资源系统的真实情况；其次，尝试考虑将城乡分割的视角引入到水贫困的分析框架内，以期更加准确地掌握西北地区城市—农村水资源发展的失衡情况；最后引入计量分析方法研究了城市—农村水资源发展失衡的时间模拟演化及空间关联程度。

全书共分为十二章：

第一章从水贫困的研究背景入手，并尽可能全面介绍了国内外研究进展，最后介绍了本书的主要内容以及研究框架。

第二章引入了水贫困的概念，详细探讨了中国水贫困的成因以及理论基础。

第三章在结合我国西北地区实际情况的基础上，对西北地区的自然状况以及社会经济状况进行探讨，同时对本书的研究尺度及数据来源进行界定。

第四章在全面性、科学性以及可比较性的原则下提出了评价指标体系以及量化评价模型，详细探讨了西北地区城市水贫困与农村水贫困情况，并对其成因进行分析。

第五、六、七章分别从时间尺度以及空间尺度对西北地区城乡水贫困失衡性评价进行了有益的探索以及尝试，并结合作者多年研究经验和成果试图对水贫困理论的评价进行补充完善。

第八章是在对我国西北地区整体水贫困状况和城乡水贫困失衡性状况掌握的基础上，探讨了水资源管理政策设计的必要性，构建了水资源管理政策设计的原则，并提出针对性的水资源管理建议。

本书得到了教育部人文社会科学青年基金项目（21YJC630086）与中国博士后基金面上项目（2021M692655）的资助，特此向支持和关心作者研究工作的所有单位和个人表示衷心的感谢。感谢父亲刘传国先生、母亲纪淑霞女士在本书创作过程中给我的精神动力。感谢西北农林科技大学经济管理学院对本书出版予以资助。感谢导师赵敏娟教授对本书提供的宝贵修改意见。感谢周晓琳女士在本书英文文献翻译方面的指导与协助。感谢徐瑞璠博士、周博洋博士、卢玮楠博士、胡广银博士、陈光博士、孙鹏飞博士、张鑫博士、王瑞硕士、杨科硕士、王婷同学、郝得泉同学、潘俊友同学、杨祯同学在本书校阅时提供的大力帮助。感谢出版社闫保荣老师及多位编辑为本书的出版付出的辛勤劳动。本书有部分内容参考了相关学者的研究成果，在参考文献中一并列出，并表示由衷的感谢。

刘文新

2022 年 1 月

CONTENTS **目 录**

第一章　导　言

第一节　研究背景

水资源是地球上所有国家和地区维持生命生存与促进人类发展不可或缺的因素（Biswas，1991）。作为重要的自然资源，它是生态系统健康发展和维护生物多样性的重要条件；作为社会生活的基础性资源，它对维护生命健康及改善卫生条件具有不可替代性的作用（United Nations Development Programme，2002）；作为经济活动最重要的投入要素，它对农业、工业和能源生产至关重要，直接关系到地区经济增长、社会可持续发展和国家长治久安等重大战略问题（Gibbons，1986）。充足的水资源供应对促进社会、经济和环境发展至关重要。尽管水资源扮演着重要而复杂的角色，但它常常被认为是地球上压力最大的资源之一（Rogers，1992）。随着人口增长，生产、生活、生态的用水量迅猛增加，同时，在发展过程中，人类不注重水源的保护，导致水资源面临着严重污染、水质持续下降的问题。有证据表明，水资源短缺已经影响了地球上 40% 以上的人口。根据联合国统计，亚非地区的 28 个国家（人均水资源量不足 500 立方米）处于缺水或严重缺水的状态，并且地区数量与缺水程度还在连年攀升；有 13 亿人（约占全球人口总数的 1/6）无法得到安全饮用水，有 24 亿人（约占全球人口总数的 1/3）缺少必要的卫生设施（UNEP，2016）。此外，有 50 亿人（约占全球人口总数的 2/3）生活在缺水的环境中（United Nations，2016）。据联合国估计，到 2025 年，全世界将有一半人口（约为40亿人）面对严重的水资源短缺的威胁以及缺少安全的卫生设施，这其中的一半人将生活在绝对缺水的国家或地区；将近 1/4 的人口（约为20亿人）将无法获得安全的饮用水（UNEP，2016）。这些人口主要集中于亚洲、非洲以及大洋洲地区。其中，80% 的缺水人口居住在农村地区。因此，如果我们将解决饥饿作为人类的首要生理需求，食物导致的贫困看作人类面临的第一贫困；那么，解决饥渴的问题将成为人类的第二生理需求，水资源短缺导致的贫困则可以看作是人类面临的第二贫困（Sullivan，2000）。

我国是一个水资源短缺，水旱灾害频发的国家。水资源主要来自大气降水，水资源总量较为丰富，居世界第六位。2020年，人均水资源占有量仅为2 240立方米，仅为世界人均水资源量的1/5，而这一数据在2016年为1/4，列世界第110位，已被联合国列为13个贫水国家之一。不仅如此，我国水资源时空分布不均匀，淮河流域及其以北地区的国土面积占全国的63.5%，但水资源仅占全国总量的19%，长江流域及其以南地区集中了全国水资源量的81%，而该区耕地面积仅占全国的36.5%，由此形成了南方水多、耕地少、水量有余，北方耕地多、水量不足的局面。此外，水资源的年内、年际分配严重不均，大部分地区60%~80%的降水量集中在夏秋汛期，洪涝干旱灾害频繁。从数量上来看，我国的水资源情况是处于一种持续恶化的状况。

在我国很多流域水资源的开发利用程度很低，如珠江、长江流域地下水资源的开发利用率仅有百分之几，而在北方地区，常因地表水量不够，地下水开采过量，造成部分地区出现地面沉降。另外，我国用水浪费严重，水资源利用效率较低。目前，我国农业用水利用率仅为40%~50%，灌溉用水有效利用系数只有约0.4。工业方面，工业用水重复利用率低，仅为20%~40%，单位产品用水定额高，目前我国工业万元产值用水量91立方米，是发达国家的十倍以上。依据联合国可持续发展委员会确定的人均水资源量2 000立方米的标准，我国有18个省市人均水资源量达不到标准，其中有10个省市的人均水资源量低于1 000立方米的最低限，而这10个省市主要分布在我国的西北地区（国家统计局，2019）。当前我国西北地区水资源及水资源管理主要面临以下几大问题：第一，农业与工业用水效率低下。以西北地区为例，该区域的农业用水占当地总用水量70%以上，而农业用水效率不足发达国家农业用水效率的一半；工业用水效率仅为发达国家的3/5（邓鹏等，2017）。这表明，我国的工农业用水存在较严重的浪费现象，且用水效率有较大的提升空间；第二，居民供水与用水状况严重不匹配。一个地区的供水以及用水状况是衡量该区域民生程度的重要标志之一，而居民能否得到安全可靠的饮用水源将直接影响到其身体健康以及社会稳定（唐红祥等，2018）。保证居民的饮水安全，是社会主义民生建设的重要内容。然而，当前的城市和农村，无论是供水设施还是居民用水量均存在严重的不匹配现象。2018年，城市人均生活用水为198升/天，用水普及率为98.4%；而同期农村地区的人均生活用水为82升/天，用水普及率仅为50.6%（国家统计局，2019）。这表明城乡居民用水数量以及用水质量均存在较大差异；第三，农村地区面临着严重的水体污染。得益于经济迅速增长，农村的生活水平有了较大提高。然而，在经济增长的同时，农村也面临着严重的农业面源污染，过量的化肥、农药随土壤渗入水体（鲍超和方创琳，2006）；同时，城市在治理污染过程中向农村转移了大量的污染产业以及污染物，这种双向的污染使得农村环境面临着较大的威胁（巴赫，2016）；农村的水资源环境整体恶化，面临着严重的挑战；第四，城乡用水矛盾加剧。由于计划经济时代遗留下来的城乡二元结构的影响，"城市优先、工业优先"的管理政策导向使得农村用水被大量转移到城市，以保证工业、服务业以及生活用水的使用，从而导致城市和农村之间的用水冲突日益激化（孙才志等，2013）。

综上所述，在水资源配置、建设方面，城市占据了绝对主导地位。中国城市规模不断扩大，每年新增城镇人口约1 300万，供水需求快速增加，但城市基础设施建设相对滞后，使得水资源难以快速集中到人口密度高的城市，导致城市水资源缺乏问题凸显。水安全事故频发、水资源保护不力、城市水循环系统有待建立等一系列问题亟待解决。人多水少，水资源时空分布不均，与生产力布局不相匹配，是中国的基本水情。中国人均水资源占有量仅为世界平均水平的28％，2/3的城市面临缺水，供需矛盾十分突出。随着工业化、城镇化加快发展，中国水资源需求将在较长段时期内持续增长，资源性、工程性、水质性缺水，在不同的地区将长期存在城市优先、农村滞后的发展理念始终贯穿于水资源的整个过程。在水资源的建设上却弱化了农村水资源的投资，导致了农村水资源建设严重滞后，在基础设施、水资源配置等方面均不能满足农村居民的需要（邢福俊，2001）。相比于城市尤其是大城市完善的水资源建设与管理，农村水资源的建设与管理存在极其严重的滞后效应，以至于对农村居民最基本的水资源需求都不能做到满足，严重阻碍了改善农村居民维持生计所必需的生存及发展权利的进程，同时也对农村居民创造能力的培养及提升产生抑制作用（吴丽丽，2014；王晓云，2006）。农村水资源供需不平衡成为农村经济发展道路上的绊脚石，对农村社会生产力的改善与发展具有阻碍作用。

根据目前我国城乡水资源发展严重失衡，差距日益加大的现状，政府相关部门提出均衡发展城乡水资源的设想，以实现城乡协同发展。2011年发布的中央1号文件明确指出水资源在城乡之间、各行业之间的供需矛盾仍然是阻碍我国经济社会可持续发展的主要障碍。因此要保证城乡居民饮水安全，提高用水效率；2012年发布的十八大报告中提出要推动城乡一体化发展，改变城市优先的发展理念，逐步实现城市和农村在资源、卫生以及基础设施等方面的均衡配置（高艺函，2016）；2013年发布的中央1号文件进一步提出加大对农村在资源、卫生以及基础设施等方面的投资，以逐步缩小城乡之间的差距；2014年发布的政府工作报告将区域不均衡与城乡不均衡结合到了一起，提出要完善农村基础设施，进而实现区域城乡间的均衡发展（吴丽丽，2014）；2015年，党的十八届五中全会提出了"创新、协调、绿色、开放、共享"的五大发展理念，指出了要实现新型城镇化和农业现代化的同步发展，进而推动区域的协调发展；2016年发布的政府工作报告提出要在农村推进绿色生产生活方式。深入实施大气、水、土壤污染防治行动计划，今后五年，单位国内生产总值用水量下降 23%，新增高效节水灌溉面积 2 000 万亩[*]。2017 年发布的十九大报告提出要实施乡村振兴战略，建立城乡融合的体制机制（杨伟，2018）；2018 年发布的中央 1 号文件提出要提高城乡公共服务均等化水平，初步建立城乡融合发展体制机制。因此，实现中国城乡水资源的协调发展具有重要意义。

上述政策为我国城乡水资源系统的发展指明了方向，我国各级政府为推动城乡水资源协调发展做出了相当大的努力，也取得了一定的成效。但根据目前实际情况可以看出，这些政策大多数是以理论为基础，具有指导借鉴的作用，而结合实际情况用来解决城乡水资源发展失衡问题的可执行性政策还有待进一步探索。目前看来，我国城乡水资源系统发展失衡的原因可能集中于两个方面：一方面，现有的城乡体制决定了城市在水资源配置与建设方面处于无可比拟的优势地位。而城镇化率逐年提高，城市人口增长过快，这必然导致水资源在工业、农业、生活以及生态之间的分配产生矛盾，导致城市与农村围绕水资源之间的矛盾时有发生（王铮等，2008）。在水资源短缺的区域，农业用水对提高作物产量至关重要，日益严重的水资源短缺给农业灌溉带来了巨大的压力（王学渊和赵连阁，2008）。因此，城乡水资源发展失衡呈现出模式化、固定化的发展态势。另一方面，现有的水资源短缺评价方法往往过于单一，传统水资源评价有其固有的局限性。它更集中于工程学，而非社会学的背景。比如，Cook 等（2002）指出水资源的评价更强调"硬水之路"，而忽略了"软水之路"。关于水资源的评价方式，最常采用的是联合国的评价标准（即以人均水资源量 2 000 立方米）。这种单一、粗暴的评价方式强调水资源量的绝对意义，而忽略了水资源与其所处的外部经济、社会、环境之间的内在联系。特别是在那些水资源短缺严重的地区，水资源的评价应考虑可持续性原则，这就需要考虑不同的维度，通过适当的方式来明确处理。因此，开发适当的评价工具来评估水资源状况具有重要意义。

综上所述，实现中国城乡水资源的协调发展是各级政府所追求的重要目标，然而水资源评价方法的不合理性以及在评价过程中忽略城乡之间的内在联系，使得城乡水资源之间的扭曲关系得不到解决，从而阻碍了城乡水资源的协调发展。近年来，对城乡水资源协调发展的理念已经被国家和社会各界普遍接受，然而想付诸实践，还需结合实际情况，本书对以下 4 方面问题加以分析：①特定区域的城市和农村水资源的发展状况是怎样的？两者的发展状况主要受到哪些因素影响？尽管我国针对当地的实际情况已经出台了一些政策并取得了可供参考的成功案例，但是对于不同区域水资源状况的改善依然缺乏经验，且

---

　　* 亩为非法定计量单位，1 亩≈667 平方米。

缺少对于城乡水资源驱动因素的解读。②在特定的研究区域，城市水资源和农村水资源是否均衡发展？通过我们对以往文献的梳理与经验总结，水资源的评价往往集中于农村地区，忽略了城市水资源的衡量。将城市与农村割裂，有可能会导致政策无效性，进而不利于城乡水资源的协调发展。③在这种发展关系中，城市和农村谁占主导地位？演化趋势是怎样的？根据地理学第一定律，相邻的区域之间，必然会存在相互影响。那么区域与区域之间将存在何种关系？④针对上文的思考，我们应该设计怎样的政策才能最大限度地使得城乡水资源均衡发展？

第二节　研究目的及意义

一、研究目的

本书总体的研究思路是，在我国城乡水资源发展失衡这一研究背景下，结合相关理论进行分析，从水贫困的视角构建西北地区水资源的分析框架，并运用实证分析方法量化西北地区城市水资源和农村水资源之间的特殊关系，通过对城乡水资源发展失衡程度的把握，最终结合区域的实际情况设计可行的水资源管理政策，从而为实现西北地区城乡水资源均衡发展提供理论指导与政策依据。

在总体目标的基础上，本书设定了以下具体目标：

（1）梳理水资源评价研究的发展历程与发展趋势，探究现有研究存在的问题及缺陷；

（2）界定水贫困理论的概念，构建水贫困理论的基本框架，明确水贫困各个维度的作用机理；

（3）运用水贫困指数（WPI），测算西北地区城市水资源和农村水资源的发展状况，并确定影响水资源发展的主要驱动因素；

（4）测量城乡水资源发展的失衡程度，探析其演化趋势及空间形成机理；

（5）基于城乡水资源发展失衡程度的结果，设计切实可行的水资源管理政策及保障性措施。

二、理论意义

（1）从水贫困理论的视角全面探析西北地区的城乡水资源发展问题，充实了现有水贫困理论的研究内容，为水贫困理论的未来发展提供了一个新的研究视角。水资源作为社会系统、经济系统以及生态系统的组成部分，不能单纯地分析城市或者农村地区，城市和农村在时间与空间上的相互依赖性，也为城乡水资源合理配置与均衡发展提供整体性的思维空间。本书将城市水资源和农村水资源纳入一个框架体系之内，并将其与 Sullivan 提出的水贫困理论相结合，从而确定了西北地区水资源的评价方法，对拓展城乡水资源关系的理论研究具有重要意义。

（2）水资源被视为压力最紧张的资源之一，因此，它是一种亟须决策者、管理者以及公众关注的资源。而指标是一种以简化的形式向决策者、管理者和公众传达关键信息的工具，具有简化、量化和沟通的优势（Chave and Alioaz，2007）。具体而言，指标可从大量的数据中剥离出事实。因此，对水资源问题的评估往往需要确定指标体系。有意义的指标可以明确的指出问题所在，以便促使决策者、管理者以及公众采取行动。同时，指标还有助于查明水资源问题在一段时间内的发展趋势，并能为国际或者地区之间的比较提供基础。指标首先是可用的，其次是可衡量的，通过测量和监测获得必要的数据。此外，指标必须与所要描述的复杂问题高度相关或因果相关（Davis，2001）。现有的WPI框架对水资源的测度研究仅仅在资源、设施、能力、使用以及环境五个维度的基础上使用了相对固定的指标，没有体现出特定研究区域的水资源系统以及社会经济系统的真实情况。因此，本书将水贫困理论框架内的指标体系与我国西北地区的实际情况相结合，较为全面地反映了我国西北地区水资源的发展状况。

（3）水贫困评价是促进区域生态环境与社会经济健康、协调、持续发展的基础，是对水资源在时间和空间上的一个度量尺度。长期以来，西北地区面临自然生态脆弱、水环境污染、水资源短缺等愈来愈紧迫的水问题的挑战。现有文献中，学者关于水贫困理论从省域、市域、淮河流域、珠江流域等展开了诸多研究，也有学者开始了对西北地区水贫困进行研究。继城乡融合战略提出后，国内政策环境一片大好，对西北地区水贫困综合评价及内部作用机理进行研究，对于强化区域水资源科学管理、维持区域生态安全和可持续发展具有重要理论参考意义。本书希望通过研究能够丰富西北地区水贫困评价的理论成果。对于西北地区水贫困评价的研究，更是有着自身不同于其他经济特区的特殊性，通过深入调查厘清西北地区城乡融合发展战略大背景下，水贫困改善进程中需要注意的问题，以及未来的发展方向。因此，水贫困评价为"治水"提供科学依据，为西北地区高质量发展提供关键的基线数据。

三、现实意义

（1）通过对西北地区城市水资源和农村水资源的发展状况的评价，从时间和空间两个维度全面分析了城市水资源和农村水资源两者之间存在的关系，有利于解决城乡水资源配置不合理的问题。由于我国计划时代遗留的城乡二元结构问题，使得城乡水资源在数量、质量、规模等方面存在严重配置失衡的现象，由此对农村生产生活水平的提高产生负面效应，进而成为农村经济发展道路上的"绊脚石"（赵荣钦等，2016）。长期以来，为促进城市快速发展而剥削农村经济发展机会的一系列政策,已经完全违背了社会和谐发展的初衷。因此,通过准确把握城乡水资源之间的内在关系,对实现西北地区城市水资源和农村水资源均衡发展意义重大。

(2)由于人类的社会经济活动导致了城乡水资源的发展差距不断拉大,因此研究城市水资源和农村水资源之间的发展失衡程度及其驱动机理对于构筑良好的城乡关系,进而实现城乡一体化发展具有重要意义。农村为城市发展做出了巨大的牺牲,其生态环境、资源利用却受到了城市活动的严重威胁,城乡关系持续失衡。城乡水资源均衡发展是城乡融合的重要组成部分(张永岳,2011)。城乡水资源均衡健康的发展是城乡一体化发展的重要方面,也是解决城乡二元结构的有效措施。因此,开展城乡水资源之间的关系研究对于最终实现城乡融合发展具有重要的现实意义。

(3)对西北地区水贫困水平及系统内部作用机理深入的研究,有着实践上极强的意义。西北地区是我国重要的生态屏障,是打赢乡村振兴、脱贫攻坚战略的重要区域,在我国经济社会发展和生态安全方面具有十分重要的地位。因此,本书以西北地区为研究区,深入探讨西北地区水资源发展历程、承载状态、内部作用机理及主要影响因素,为制定合理的水资源开发与利用规划方案提供决策依据,对提高西北地区经济、社会与生态综合效益并促进流域水资源与社会经济健康、协调、可持续发展具有重要实践意义。

第三节 国内外研究动态

科学的评价方法是制定合理政策的有效前提,开展城市水资源和农村水资源发展关系的研究是缓解西北地区水资源紧缺问题的有效前提。目前国内外对于水资源状况的评价主要集中在不同的方法测度、研究水资源短缺的影响因素以及分析水资源系统的时空关系等方面。本章通过对现有研究文献的定性综述,构建了适合评价我国西北地区水资源发展状况的分析框架。接下来,本书将从水资源量、水资源评价以及城乡水资源三个方面展开,对现有研究进行详细的梳理和述评。

一、水资源量评价方法

在过去的半个多世纪,人类开发了许多评价标准来衡量区域水资源短缺或水资源紧张的程度。这些指标通常被用来描述水资源量的减少以及用水、供水的困难程度。选择合理的水资源量评价方法既是一项科学决策工具,也是一项政策制定标准。本节主要从水资源量的角度梳理了现有的水资源短缺评价指数以及处于前沿的水资源评估理论。

1. Falkenmark 指数

最早的水资源短缺评价方法是由瑞典水文学家 Falkenmark 提出的，也被称作 Hydrological Water Stress Index（HWSI），简称 Falkenmark 指数。该指标通常被用于描述可用的水资源量和人口数量之间的关系，一般以人均可用水资源数量作为评价标准（Falkenmark and Widstrand，1976）。它背后的逻辑很简单，即我们需要清楚人类究竟需要多少可用的水资源量才能满足其生活以及生产上的需求，进而将人均可用水资源量作为水资源稀缺性的衡量标准。在这里，水资源稀缺性被看作是用水需求和水资源可用性的函数（Falkenmark，1974、1976）。而基于新马尔萨斯主义观点认为，水资源是固定的，而用水需求则随着人口的增长而增加。这一观点是 Falkenmark 指数的理论基础，这一指标的依据是人均可用水资源量。因此，它被定义为每个经济体系的人均水资源量。

表 1-1 Falkenmark 指标的类型及划分标准

单位：立方米/人

类型	不缺水	轻微缺水	严重缺水	极度缺水
标准	>1 700	1 000~1 700	500~1 000	<500

在该体系内，1 700 立方米、1 000 立方米、500 立方米这三个值被确定为衡量不同水资源短缺程度的门槛值（Falkenmark et al.，1989）。根据上述的门槛标准，依据一个地区的人均水资源量，其水资源短缺状况可以分别划分为：不缺水、轻微缺水、严重缺水和极度缺水（表 1-1）。该方法最先被联合国卫生组织广泛应用于撒哈拉以南非洲以外的地区。根据该方法的标准，当一个国家或地区的人均可用水资源量高于 1 700 立方米时，该区域被判定为很少或根本不缺水；当一个国家或地区的人均可用水资源量介于 1 000~1 700 立方米时，该区域被判定为轻微的水资源短缺；当一个国家或地区的人均可用水资源量介于 500~1 000 立方米时，该区域被判定为严重的水资源短缺，在这种情况下，水资源短缺威胁到经济发展和人类健康；当一个国家或地区的人均可用水资源量低于 500 立方米时，该区域被判定为极度缺水，在这种情况下，经济增长停滞乃至衰退，人类生存面临着严重威胁。该指标被应用于实际问题的分析过程中，以该标准为基础进行赋值后所得到的水压力指数，便成了水贫困测度研究的起点。该指数通常用于容易获取水资源量数据的国家或地区来评估其水资源短缺的程度，并提供了直观且易于理解的结果。并且，该指标说明人类对水资源的需求并不是一成不变的。相反，水资源使用量将随着人口增长而增长（Ramasubban et al.，1993）。因此，一个水资源不太紧张但人口高增长的国家或者地区，随着时间的推移，可能会面临严重的水资源压力或水资源短

缺。然而，使用可用的人均水资源量作为地区水资源短缺程度的评价标准，往往掩盖了较大的范围内水资源短缺的信息，它没有反映各国之间用水模式的重大差异。此外，这类指标没有考虑到流域内河流的多次流入与流出问题，无法体现出对跨界水资源的依赖。同时，由于文化、生活方式、气候等因素，该指数也低估了由于人口减少而带来的水资源压力（Rijsberman，2006）。

2. 人类基本用水需求量表

美国水文学家 Gleick 从用水量的角度提出了一种评价水资源短缺的指数，他通过测算满足人类所有基本需求能力的用水量，编制出人类基本用水需求量表（Salameh，2000）。该表主要包含四个方面的内容，即维持人类生存所需的饮用水量，满足人类生理卫生需求所需的用水量，用于提供卫生服务需求所需的用水量以及用于准备家庭食物所需的用水量。维持每个项目所需的最低用水量如下：

（1）最低饮用水量：以典型的温带气候为例，维持人类生存及正常活动的饮用水量最低是每人每天大约 5 升水。

（2）生理卫生的基本需水量：满足人类生理卫生（洗澡）所需的用水量最低是每人每天大约 15 升水。

（3）卫生服务的基本需水量：考虑到世界范围内各国各地区的技术差异，有效地处理人类废弃物的用水量很难得出一个准确的数值。但是，考虑到实现废弃物处理和相关卫生的利益最大化，建议每人每天至少 20 升水左右。

（4）食物准备的基本需水量：这里 Gleick 主要考虑的是贫穷地区以及发展中国家，为制作食物而提供的用水量是每人每天至少 10 升水左右。

该标准是针对满足人类生存提出的水资源量评价标准，它完全没有忽略生产用水，也不能够提供对国家或地区经济发展程度、居民健康和福利水平以及生态系统相互关系的一系列问题的阐述与解释，更没有考虑一个国家或地区解决水资源短缺或水质硬化等问题所需要的社会能力、制度能力和经济能力，该方法的门槛值标准也存在较大的主观性评价，无法反映出一个地区的真实情况（Schewe et al.，2013）。

3. 基于粮食进口的水资源评价方法

该方法由联合国粮食及农业组织提出。该方法的出发点是，世界上大约 70% 的淡水被用于农业生产。因此，可用的水资源量和粮食生产之间存在着必然的联系。淡水资源有限的国家会依靠粮食进口来弥补因为水资源短缺而导致的农业生产能力下降，而大多数缺水国家进口的主要粮食是谷物（Yang et al.，2003）。因此，将可用淡水资源的数量与粮食进口数量纳入一个评价框架内作为评价水资源短缺程度是可能的。从这一思路出发，FAO 计算出一个门槛值，将 5 000 立方米/人·年作为衡量水资源短缺国家的临界值。该门槛值将在水资源短缺状态和水资源充裕状态之间提供一个划分标准。低于该门槛值的地区将会因为缺水而必须进口粮食生产所需的资源和谷物（Yang et al.，2003）。该评价标准存在较大的缺陷：几乎所有的国家都低于门槛值，属于水资源短缺严重的地区。同时，有研究表明在该门槛值以上的国家中，可用淡水资源的数量与粮食进口数量之间没有显著的变化关系（Wada，2013）。此外，研究区域仅限于人口在一百万以上的国家或地区。该方法计算的门槛值是动态的，它可以随着水利工程的扩建或用水效率的提高而变化，并且由于缺乏系统的数据资料，该模型没有考虑地下水资源量的问题（Taylor，2009）。因此，该门槛值的准确程度是有待证实的。

4. 水足迹

荷兰水文学家 Hoekstra 在 FAO 提出粮食进口用水量门槛值的基础上，提出了水足迹的概念。他通过计算用水主体在单位时间内消费所有产品或服务的水资源数量，来确定地区的实际耗水量。这一概念的提出将实物形态的水与虚拟形态的水联系起来，水足迹可以看作是对水资源占用的综合表征，有别于传统取水指标。具体而言，水足迹主要由三部分组成，即储存在河流、湖泊以及浅层地下水层中的可见的液态水资源，通常以灌溉用水来表示（蓝水），降水中储存在非饱和土壤层中并通过植被蒸散、消耗掉的水资源，是垂向进入大气的不可见水，主要指有效降水（绿水）以及生产过程中所污染的水（灰水）。因此，水足迹通过整合人类活动所消费产品或提供服务的整个生产链条中对水资源的使用和污染，定量核算产品或服务的潜在水资源占用状况，直观呈现人类消费和全球水资源占用之间的内在联系（马晶和彭建，2013）。与虚拟水相比，水足迹从生产者和消费者角度研究用水，是多维的水资源研究指标，2011 年，Hoekstra 教授领导的水足迹网络（WFN）在全球首次发布了《水足迹评估手册》，为水足迹核算与评价工作奠定了基础（程婉婷，2020）。从概念上理解，就是水资源在生产和消费过程中的行动轨迹。水足迹的参数包括消费者和生产者直接用水量和间接用水量（黄晶等，2010）。水足迹通常由三部分组成，即绿水足迹、蓝水足迹以及灰水足迹（贾佳等，2012）。按照以上评价标准，总水足迹由农业及畜牧业水足迹加工业产品水足迹以及水污染足迹构成。该方法是一个较为实用的可持续评价方法，将用水量纳入产品生态周期进行评估，全面考虑了生产、消费以及生态用水，能比较真实客观地反映一个地区的水资源消耗程度（蔡振华等，2012）。但是，该方法仅仅强调数理上的水资源量计算，而忽略了在水资源评价过程中对于社会适应性以及用水能力的考虑（焦雯珺，2011）。因此，该方法更注重水资源的"硬件"，而忽略了水资源的"软件"，有待进一步完善。

二、水资源评价方法

到目前为止，围绕水资源短缺程度的评价，往往关注于数量，而忽略了质量。水资源应该是一个广义的概念，它不仅包括水资源量，也应该包含影响水资源量的众多维度方面的考虑。上一节水资源短缺的评价指标主要是围绕对水资源量进行测量以及人类对水资源的需求和可用性的评价，但并没有把可再生水资源的供应能力和用水权利纳入评价范畴（Rockstrom and Falkenmark，2015）。目前国内外对水资源的研究主要集中于水资源系统的脆弱性评价以及风险性评价上面。

1. 水资源脆弱性指数

1987 年，圣彼得堡国家水文研究所按区域和部门公布水资源使用情况，以人口与经济因素作为主要变量将水资源的使用量分为工业用水、农业用水、生活用水以及由于水库蒸发而损失的水资源量。Raskin 利用了水资源可用性数据和改进的方法，以取水量代替需水量。在此基础上计算出的水资源脆弱性指数（WTA），即水资源的脆弱性为每年实际用水量与可用水资源量之间的比率。如果一个国家或地区的每年用水量占供水量的 20％至 40％，则该区域即被认为是严重的水资源短缺地区（Loucks and Gladwell，1999）。该方法与 40％的门槛值常被用于水资源短缺程度的分析，被称为"临界值"，即人类用水占可再生水资源总量的比例。但是，由于社会、技术以及水资源禀赋存在差异，不同地区对水资源的需求程度不同，所以这个门槛值存在主观性（MacDonald et al.，2012），使用该指数作为一个判断标准可能导致不准确的评估结果。

2. 物理缺水和经济缺水

国际水资源管理研究所（IWMI）在分析可再生淡水资源中可供人类使用的部分（包括现有的供水基础设施）时认为，当一个国家或地区超过 75％的水资源量被用于农业、工业和居民生活时，这些国家或地区就被认为属于"物理性的"水资源短缺区域（Seckler et al.，1998；Doll et al.，2016）。物理性的水资源短缺指标包括：降水量、河流、地下水资源减少以及存在优先供应部门的水资源分配。此外，当一个国家或地区仅有不足 25％的水资源量被用于农业、工业和居民生活，并且只有对现有的水资源基础设施做出重大改善才会改变这种情况时，这些国家或地区就被认为属于"经济性的"水资源短缺区域（Seckler et al.，1998b）。IWMI 通过评估全球水资源的使用以及分配状态，发现没有或仅有很少的国家或地区同时表现为物理性和经济性的水资源短缺，这意味着干旱地区不一定就表现为物理性的水资源短缺（Schewe et al.，2013）。该研究为水资源短缺的评价指明了一个方向，即该方法将物理缺水和经济缺水同时纳入区域水资源短缺的评价框架，但是他没有考虑到与水质相关的生态环境问题（Shamsudduha et al.，2011）。

3. 社会水压力指数

为了克服 HWSI 的缺陷，德国学者 Leif Ohlsson（1999a）在 Falkenmark

指标的基础上，将人文发展指数（HDI）纳入水资源短缺的评价指标体系。人类发展指数本身就是一个综合指数，通过衡量出生时预期寿命、成人识字率、教育入学率和按美元计算的购买力评价调整后的人均收入，在全球范围内衡量人类发展的状况。同时，Ohlsson（1999b）综合考虑了经济、管理、观念、技术或其他手段如何影响到区域淡水总量的可用性状态。因此他将人类发展指数和水资源短缺合并生成了社会水压力指数（SWSI）。

SWSI 指数认为，社会适应性能力是由财富分配、教育机会和政治参与构成的函数（Ohlsson，2000）。其中，社会适应性能力是因变量，其余因素为自变量。它通过运用人文发展指数对水资源均量进行了修正，以此来衡量人类社会系统对水资源短缺程度的影响，因此被称为社会水压力指数。该指数对HWSI 进行了修正，对水资源短缺与社会经济可持续发展建立了内在联系，阐述了水资源对社会系统产生的影响（Ricard and Agusti，2010），它和 IWMI评价方法共同为全面评价水资源的方法提供了较为坚实的理论基础。但是，它仅仅使用了 HDI 指标中的预期寿命、成人识字率和人均国民生产总值等指标衡量了人类社会系统发展水平，对于应用更广泛且紧密结合人类日常活动的水资源开发利用管理水平却未能被指标所度量（Phil Adkins and Len Dyck，2007）。且成人识字率与人力资本形成缺乏因果联系，并且这种联系充其量也只是暂时的，与社会适应性能力无关。

因此，社会水压力指数虽然是对以前制定的水资源短缺评价标准的重大改进（Stuart et al.，2012），但它依赖的是通过代理指标来判断受教育程度，而不是与社会适应性能力有直接因果关系的指标来进行判断（Sullivan Caroline，2001），同时，它也无法直接衡量一个国家是否有能力通过社会和技术充分和有效地处理水资源短缺问题。此外，它也没有反映出处理水质问题的能力或供水设施投资的能力。

4. 水贫困指数

1991 年都柏林会议提出：既然水资源是维持所有生命生存和社会发展的基础性资源，那么水资源的评价就需要一种综合的可持续性方法，将维持人类生存、发展社会经济与保护自然生态联系起来（Briscoe et al.，1993）。Vorosmarty（2000）指出日渐枯竭的淡水资源与生态环境系统的退化有关，因此，任何水资源评价方法都应将能维持生态环境系统可持续发展水平的水资源可用性纳入考虑。

瑞典水文学家 Sullivan（2002）提出了水贫困指数（WPI）。水贫困指数包括水资源禀赋、教育、人类健康和经济状况以及生态系统生产力（Vorosmarty et al.，2005）。评价一个国家或地区的水资源发展状况，至关重要的是将社会适应能力纳入考虑范围。适应能力是社会内部可供利用的社会资源之和，可以通过加总求得。社会适应能力可以有效地应对日益增加的物理性的水资源短缺。社会适应能力至少应包括两个组成部分（Sullivan and Meigh，2007）。第一，机构组成部分包括决策机构能力（包括财政能力）和知识资本之和，后者允许技术人员提出水资源短缺的替代解决办法。第二，社会组成部分包括社会实体接受这些技术人员的办法的意愿和能力，认为这些解决办法既合理又合法。

Sullivan 和 Meigh（2007）认为，水资源短缺应该分解为一阶水资源短缺和二阶水资源短缺。一阶水资源短缺与资源禀赋有直接关系，而二阶水资源短缺与社会适应性能力的缺乏有关。他们认为，二阶水资源短缺往往更为重要。当两者都受到压力时，一阶水资源短缺和二阶水资源短缺之间存在着一种互惠的关系。因此，资源禀赋、人口增长率、教育、医疗、用水量、设施、经济以及环境等因素都被纳入了水资源短缺评价的考虑（Sullivan et al.，2003）。通过建立水贫困指数，人们便可以较深层次地认识到水资源的可获得性、用水安全与人类福利三者之间的内在联系。水贫困指数也因此被视为分析水资源管理问题的集成分析框架和工具，从而有效解决水资源配置失衡问题，使水资源管理变得透明、公正且易于被人们所接受，同时为水资源管理问题提供了理论借鉴（孙才志和王雪妮，2011）。

三、水资源评价研究

1. 农业用水效率评价

对农业用水效率的研究最初从农学、生态学和水文学等自然科学视角开展，发现灌溉方式对用水效率有重要影响，并提出了很多技术性的措施。灌溉效率，即作物生长过程中通过作物蒸腾的田间灌溉水量与实际引入灌溉水量的比值（Condon et al.，2003）。Perry 等提出采用灌溉取水量、储存变化量、消耗量与非消耗量的比例作为评价指标（Carey and Zilberman，2006）；国际排灌委员会对灌溉效率的计算标准进行了解释和定义，认为灌溉系统主要分为三个过程，即输水、配水以及田间灌水，总效率应为三者效率之积；随着全球用水逐渐紧张，国际水资源管理研究院提出了一个有代表性的灌溉效率核算方法，即水资源组成要素分为流入量、流出量、储存量和消耗量 4 部分，因此，对灌溉效率的计算应围绕这四个方面展开。国内普遍采用"灌溉水利用系数"这一指标，旨在测定田间和渠系水资源利用（Schuck et al.，2007；Multsch et al.，2017）。汪富贵用渠系越级现象、回归水利用和灌溉管理水平这三个修正系数，结合修正连乘公式，获得灌溉水利用系数（周维博和李佩成，2003）；蔡守华等提出由渠系水利用效率、渠道水利用效率、灌区灌溉水利用效率、田间水利用效率和作物水利用效率构成的灌溉水利用效率指标体系等（蔡守华等，2009）。此时，农业用水效率的评价集中于水资源禀赋本身的利用状况，未脱离工程领域的评价，忽略了农业用水所产生的经济效益。国际水资源管理研究所提出水分生产率的概念，即单位水资源所能生产出的粮食产量，使得用水效率的研究由自然科学向经济学逐渐转变（陈爱侠，2007）。经济学意义上的用水效率是指单位用水量所带来的经济产出，如果某区域投入较少水得到较多经济产出，这说明该区域具有较高的用水经济效率，相反，如果投入用水量较多，但经济产出却较小，则说明该区域的用水经济效率较低。学者们较多地采用单要素生产率指标对用水经济效率进行研究评价，如 GDP/总用水量，其经济含义是平均每消耗 1 立方米水所能生产的 GDP（孙才志等，2010）。李周和于法稳（2005）分析了西北地区用水结构与用水经济效率在时间上的动态变化和空间上的横向差异，其研究结果表明用水效率的提高极大地促进了西北地区近 20 年的经济增长。买亚宗等（2014）对我国区域用水效率进行研究，发现中、西部地区用水效率与东部地区相比相对较低，而经济发展水平的差异是导致我国用水效率存在明显区域差异的首要因素。Lilienfeld 和 Asmild（2007）发现水资源短缺会对社会的经济总产出水平造成负面影响，资本、劳动力等要素只有与水资源相结合才能有效地促进经济增长。但是，在经济增长过程中，出现了资源短缺和环境污染同时发生的状况，因此，对于生态效益的评价也纳入了学者的视角。王学渊和赵连阁（2008），刘渝和王炭（2012）分别对中国各省区农业生产技术效率与用水效率进行研究，发现中国的生产技术效率远大于农业用水效率，不同地区间差异很大，东部地区农业用水效率最高，中部次之，西部最低，整体来看农业节水方面还有很大的提升空间，西北地区是全国最具节水潜力的区域。

2. 农业水足迹评价

基于水足迹理论评价国家或省域水资源利用与经济协调发展脱钩的基础上引申出来的生态足迹，即维持一个人、地区、国家的生存所需要的或者能够容纳人类所排放废物的、具有生物生产力的地域面积，也可用于评价水资源可持续利用状况。例如，杨天通等（2019）基于生态足迹理论和脱钩理论，对2007—2016 年长春市水资源可持续利用及其与经济发展的脱钩情况进行了研究。与水足迹相比，水生态足迹不仅能衡量经济发展对水资源量的消耗和对水质的影响程度，而且能从水量生态足迹和水质生态足迹两个角度来研究水资源环境和经济发展之间的协调关系，近年来众多学者基于水生态足迹理论并结合脱钩模型来评价区域水资源利用与经济协调发展脱钩的状况。其中，王娜等（2020）基于水资源生态足迹，并结合 LMDI 模型和 Tapio 脱钩模型评价了鄂尔多斯市 2001—2017 年水资源利用与经济发展的协调关系；杨振华等（2016）基于水生态足迹和脱复钩理论，从水量（用水量）和水质（污染物排放量）方面采用 Tapio 弹性指数评价了贵阳市 2002—2014 年水生态足迹与经济发展的脱钩水平，研究发现 2002—2014 年贵阳市水生态足迹与经济发展绝大多数呈现水量型或水质型强（弱）脱钩，且历年脱钩指数变化明显。

　　在以往关于水质生态足迹的计算中，通常选取污染物最大者来计算水质生态足迹，然而不同水体吸纳污染物的能力是不同的且不同污染物对同一水体的影响具有重复性。因此，王刚毅和刘杰（2019）基于改进的水生态足迹模型，计算了中原城市群 2001—2016 年水量生态足迹和水质生态足迹，并构建了脱钩评价模型和协调度模型，对区域经济发展和水资源环境协调关系进行了研究；杨裕恒等（2019）基于不同受纳水体的水生态足迹，计算了山东省 2003—2015 年水量与水质生态足迹，通过构建协调发展脱钩评价模型对水资源消耗与经济增长之间的协调关系进行了评价。

　　经济快速发展一方面会给水资源环境带来不利影响，另一方面可以为提高水资源利用效率提供技术保障以及为保护水环境提供资金支持。因此，研究经济发展与水资源环境的耦合关系对保障区域经济可持续发展意义重大。目前，国内学者对水资源环境与经济发展关系的研究主要集中在水环境质量与经济发展的耦合关系。此外，产业结构优化升级和城镇化发展与水资源利用密切相关，焦士兴等（2020）通过分析河南省 2005—2016 年水资源和产业结构综合评价指数、耦合协调度的时空变化特征，得出河南省各市产业结构与水资源耦合协调度逐步实现了由初、中级耦合协调分布较集中向豫中、豫西、豫南、豫北高级耦合协调分布转变；鲍超（2014）通过定量测度中国以及 31 个省级行政区 1997—2011 年城镇化过程对经济增长与用水变化的驱动效应，发现城镇化对用水的综合驱动以减量效应为主，且在时空变化上的差异相对缩小；Chao Bao（2016）等在应用协整检验和 VECM（向量误差修正模型）格兰杰因果检验对 1997—2013 年中国及其 31 个省级行政区域的城市化水平、经济发展水平和总用水量之间的因果关系进行研究后得出城市化水平、经济发展水平和总用水量这三个指标在中国大多数省级行政区域具有长期均衡关系，短期效应和格兰杰因果关系并不显著。

　　水资源系统是一切生命活动最根本的物质基础，是区域社会经济系统至关重要的自然资源，水资源系统与社会经济系统之间的协调程度影响着区域经济可持续发展。在定量分析水资源系统与社会经济系统协调匹配动态方面，一些学者基于协同理论，构建了水资源系统与区域经济系统协同度评价模型，对某一区域水资源与社会经济系统的协同程度进行对比探讨，还有学者基于基尼系数，研究水资源分布与经济发展匹配关系的时空演变动态，例如王猛飞等（2016）通过计算 2009—2013 年黄河流域各地区水资源与人口、GDP、农作物播种面积等经济发展要素的基尼系数，研究了黄河流域水资源分布、配置与经济发展要素匹配关系在时间上的演变规律；张国兴和徐龙（2020）引入基尼系数、洛伦兹曲线和不平衡指数，分析了 2008—2017 年我国大陆 31 个省、市、自治区水资源分布与经济发展匹配关系的时空演变动态进程；熊鹰等（2019）通过计算长株潭城市群 2009—2015 年水资源与人口、土地面积、GDP 等经济发展要素的基尼系数，研究了水资源分布、配置及其与经济发展要素匹配关系的演变规律；Yi Liu（2020）等基于环境库兹涅茨曲线（EKC）、基尼系数和弹性系数等方法，研究了山东省 2003—2017 年工业和生活水污染与社会经济发展之间的协调程度；Weijing Ma 等（2017）采用基尼系数等数学模型评价了农业水足迹与社会经济因素的时空匹配特征。除此之外，左其亭等（2020）运用超效率 DEA 模型和空间匹配度计算方法，研究了黄河流域九省区水资源利用效率与全面小康相对水平匹配动态，研究发现水资源利用效率与全面小康相对水平的匹配程度呈现出较强的地区差异，河南、宁夏、山东匹配程度较好，陕西、内蒙古匹配程度较差；李双等（2020）基于 VAR 模型，通过脉冲响应函数和方差分解等，对 2000—2016 年陕西省水资源与经济增长的动态关系进行了分析，研究发现陕西省及各地区经济参数和其用水量参数之间短期影响较强烈，长期影响较弱；Conglin Zhang 等（2017）应用几何重心法和灰色关联模型对 1997—2011 年东北地区人口、经济和水资源的空间分布和匹配度进行了研究，研究发现人口和经济的空间分布与水资源的空间分布发生了倒置，西南地区（沿海地区）人口相对密集、经济发达，但水资源相对匮乏，北部地区则恰好相反。

水资源利用与经济发展相互关系时空演变的研究一直以来受到学术界的广泛关注，1998 年 ROCK 研究发现用水量与美国人均收入呈现出倒 U 形关系；张兵兵等研究发现 2000—2013 年中国东部地区工业水资源利用与工业经济增长之间呈现出倒 U 形关系，中部地区两者呈现出 N 形关系；Yu Hao 等（2017）研究发现 1999—2014 年我国 29 个省份人均用水量与人均 GDP 呈 N 形关系，总用水量对人均 GDP 的影响是非线性的；Rosa Duarte 等（2012）研究发现 1962—2008 年所选取的 65 个国家的人均用水量与人均 GDP 之间的关系是非线性的，呈现出特殊的倒 U 形，带有明显的向下分支；Hao Cai 等（2016）在研究了水污染排放—废水（WW）、化学需氧量（COD）和氨氮（$NH_3 - N$）排放量与我国人均国内生产总值（GDPPC）的关系曲线后得出有八种类型的 EKC，可分为"好EKC"（负单调形状、倒 N 形、倒 U 形和 M 形）、"坏EKC"（正单调形状、N 形和 U 形）和"过渡 EKC"（正单调平尾形），在 COD 排放方面，经济发达地区"良好 EKC"的比例（71.43%）低于经济欠发达地区（76.47%）。

水资源、经济与生态环境耦合是自然资源和生态环境支撑系统与社会经济发展系统间由低级共生向高级协调发展的过程，是经济可持续发展追求的永恒目标。伏吉芮等（2016）在运用耦合协调度模型评价 2001—2013 年吐鲁番地区水资源—经济—生态环境耦合协调发展状况后得出 2001—2013 年虽然吐鲁番地区水资源—经济—生态环境耦合协调发展状况向着优质耦合方向发展，但水资源形势依然比较严峻，因此应提高用水效率，促进区域整体协调发展。除此之外，污水处理效率的提升同样可以改善生态环境，实现水资源—经济—生态耦合协调发展，Zhen Shi 等（2020）采用改进的非期望动态网络（SBM）模型，创新性地从两个阶段（经济生产阶段和污水处理阶段）来研究 2011—2017 年中国 30 个省份投入产出效率，研究发现每个地区经济生产阶段效率较高，污水处理阶段效率较低，污水处理阶段效率是降低整体投入产出效率的主要因素，因此若想实现水资源、经济与生态环境耦合，需开发更有效的水净化技术和设备，以减少废水中的 COD 和重金属来提高污水处理效率；Jiahong Li 等（2024）开发了一种新的两阶段随机区间参数模糊规划策略模型来评价区域经济环境的可持续性，该模型考虑了水量和水质的约束，旨在帮助决策者在制定资源配置策略时要在生计、生产和生产过程中最大限度地发挥水的效益；Krishna Malakar 等（2019）提出了一个"发展"的三维空间，其中原点 O（0，0，0）和点 I（1，1，1）分别代表经济、社会和环境发展的零和理想水平，通过计算中国 31 个省份（2004—2017 年）经济、社会和环境的可持续性指数与理想点之间的距离来衡量其水资源可持续性，结果表明许多省份的不可持续性指数有所下降且这种不可持续性具有空间聚集性，应相互合作以共同应对水资源可持续性低下的问题。

四、城乡水贫困评价

1. 水贫困理论的内涵研究

可持续发展理念在全球提出后，水资源利用评价的相关研究从单属性评价逐步发展到多属性评价。最初水资源利用评价多集中于水资源的自然属性，物理意义上的水资源量核算，最有影响力的是瑞典水文学家 Falkenmark（1974）所提出的人均水资源量，即多少水资源量才能满足人类最基本的生活以及生产需求。这个方法能够较为直观地反映出人口增长所导致的水资源利用压力，然而，人均水资源量这一指标仅仅可以作为区域之间水资源短缺程度的标准，而难以反映出区域之间用水模式所存在的具体差异；在此基础上，美国水文学家 Gleick 从生命、生理以及卫生等角度进一步明确了满足人类所有基本需求能力的用水量（Fenwick，2010）；该方法克服了 Falkenmark 指数的笼统性缺点，能准确计算出人类生活用水量，但是，完全忽略了生产用水的评价标准；联合国粮食及农业组织提出了一个评价方法：基于全世界约 70% 的可用淡水被用于农业生产，因此，可用淡水量和粮食生产之间存在着必然联系，将可用淡水资源数量与粮食进口数量纳入一个框架内来评价水资源利用程度是可行的（Wenxin et al.，2018）。然而，依照该方法计算结果，全世界的粮食大国基本上都是水资源短缺严重的地区，并且，该方法忽略了居民生活用水的计算；在此基础上，荷兰学者 Hoekstra（2004，2007）提出水足迹概念，通过计算用水主体在单位时间内生产和消费所有产品或服务的水资源数量，来确定实际耗水量。以农业为例，水足迹将降水、气温、土壤、作物类型和生长周期等因素纳入考虑，提高了计算精度，也使得水资源的多重属性有了扩展的趋势，然而该方法整体上依然局限于物理意义上的水量、水质计算，既忽略了区域经济发展、居民健康和福利水平以及生态系统相互关系等问题的阐述与解释，也没有考虑解决水量短缺或水质硬化等问题所需要的社会经济能力和政策能力。

针对物理意义上的水资源量的计算存在片面性，国际水资源管理研究所将水资源利用的评价区分为物理性缺水和经济性缺水，且得出一个有影响力的结论：干旱地区不一定都表现为物理性缺水；湿润地区有很大的可能表现为经济性缺水。该方法同时考虑了水资源的自然属性和经济属性（Schewe et al.，2013），但是，它没有反映出自然变化或人类行为对水资源环境的影响。德国学者 Leif Ohlsson 将 Falkenmark 指标与人文发展指数相结合，通过衡量出生时预期寿命、成人识字率、教育入学率和按美元计算的购买力评价调整后的人均收入，来评价研究区域用水能力。他认为用水能力将有效影响区域水资源短缺程度，从而在理论上建立了缺水与社会经济发展的内在联系（Ohlsson，2010）。但是，直接使用预期寿命、成人识字率和人均国民生产总值等指标衡量人类社会系统发展水平与缺水之间的关系，缺乏一定信服力，这些指标很难衡量出研究区域是否能通过提升社会适应性和技术能力而有效处理水资源短缺问题。瑞典学者 Sullivan 针对发展中国家干旱贫困区域提出了应从统筹用水资源禀赋、水利设施、用水能力和权利、用水结构以及生态系统 5 个方面全面评价区域水资源状况（Sullivan，2000）。Sullivan 认为，水资源利用应该分两阶段，一阶段水资源利用与资源禀赋有直接关系，而二阶段水资源利用与缺乏社会适应性能力有关。当两者都受到压力时，一阶段水资源利用和二阶段水资源利用之间存在着一种互惠关系。即使在干旱缺水区域，也可以通过提高用水能力的方式摆脱缺水状态（Sullivan，2001，2007，2014）。通过建立水贫困指数，人们将有效识别水资源可获得性、用水安全与人类福利三者之间的内在联系，其被视为分析水资源管理问题的集成分析框架和工具。但是，其直接采用统计部门的水量、水质等指标，降低了指标的精确性，扭曲了水资源利用评价的有效性。综上，在水贫困计算框架基础上，提高物理意义上水资源量的计算精度，结合我国"重工程建设"和"重节水增效"并行的政策实施重点，是区域农业用水效率评价的重要方向。

2. 水贫困理论的发展研究

水贫困理论不仅可用来判断区域水资源利用能力，也可通过识别水资源的多功能属性来判断其主要影响因素，为农业用水可持续管理研究提供了一个新的视角。水贫困理论最初主要评价特定时间下流域、区域、国家等尺度下水资源利用水平。Liu 等（2018）以陕西村域为例，重点分析了设施与能力子系统对于解决西北地区经济贫困与水资源短缺的重要作用；孙才志等（2014）在对中国水贫困和经济贫困宏观分析基础上，测算 2009 年我国 31 省市水贫困和经济贫困的耦合度和耦合协调度，得出水贫困与经济贫困总体呈正相关关系，即两者随着对方的增加而上升，随着对方的减少而下降，并进行空间分析；董璐等（2014）从灾害学视角对我国农村水贫困的障碍因子进行分析，从而进一步丰富了水贫困研究方法；曹茜等（2012）对赣江流域进行水贫困评价，得出水资源整体状况趋于好转，但是水环境质量缓慢变化的趋势，环保投资指数为影响水资源利用的主要驱动因子。

　　进一步地，学者们逐渐对水贫困理论进行扩展，地理信息系统和遥感等空间计量软件被较多地应用到区域评价之中，通过搜索、存储、处理及分析地理空间数据的方式来为平面底图施加独特的视觉效果，并与空间分析工具紧密结合起来，提升了水资源管理政策的精确性与可靠性。Ricard 等（2010）将 WPI 体系与 PSR 模型结合，分别从压力、状态和反应 3 个方面评价水贫困，并尝试将 Bayes 理论引入 WPI 进行不确定性推理和数据分析，以提升水资源管理政策的可靠性；Néné 等（2012）学者以沿海城镇姆布尔为例，运用 Arc-GIS 技术和实地调查搜集和整理的数据，展现了研究区经济贫困和水资源利用的空间分布特征，发现了两者在空间上存在耦合机制；Sullivan 和 Hatem（2014）运用 PCA 分析 MENA 地区的水资源利用情况，综合考虑了政治—社会—生态—经济等方面对于该地区水资源分配的影响；Caroline Sullivan（2010）运用 WEILAI 对中国西南农村地区水资源利用进行评估，以对其水贫困整体效应和可持续发展水平进行探讨；Jemmali 和 Matoussi 等（2013）在 WPI 的基础上，结合水的可用性和社会经济能力的措施，运用主成分分析摒弃信息量较小的变量，给予重要变量更大权重，评价了突尼斯地区水资源利用现状，对内陆地区制定缓解水资源短缺的措施，提供了理论依据；Julie 和 Anna 等（2013）在深入调查社区尺度的用水状况之后，指出了 WPI 的不足之处，在指标选取过程中相对重视设施维度与能力维度，从而提出 Water Prosperity Index（WPI＋），明确了空间和性别因素对于改善地区水资源利用的重要作用。

　　水资源的多功能属性在时间和空间上所表现出来的不匹配性是水资源短缺的主要原因。区域水贫困时空演变规律是水资源评价的核心内容，国内外相关研究主要集中于"空间分析多样"与"时间演变模拟"两种方式。王雪妮等（2012）在 WPI 的框架下对 1997—2008 年中国 31 个省区市水贫困程度进行测算，在此基础上运用 ESDA 模型对省际水贫困程度进行空间自相关检验；Liu

等（2019）以 52 个西北地区的地市为空间单元，对 2000—2017 年城乡水贫困进行测算，得出如下结论：设施老旧以及生态破坏是西北地区水资源短缺的主要因素；Zhao 和 Liu（2021）运用 WPI 与 SLA 模型考察 1997—2018 年中国大陆省际水资源利用与经济发展的脱钩关系，得出水资源利用与经济发展在时空上存在失衡性，亟须政策进行干预；Isha Goel 等（2020）运用 WPI 和 GWR 模型，从高度、坡度、土地利用、排水密度、地貌、线形密度、岩土分布和降水等 8 个方面对印度进行地下水潜力分区，得出了喜马拉雅山区的水资源可用性较低的结论；这些研究成果均是从时间演变和空间关联的角度切入，通过数量模型叠加使用的分析方式，揭示了水贫困形成机理与空间特征等规律，拓展了水贫困理论的评价方法。

3. 城乡水资源管理研究

通过梳理相关文献，城乡水资源分配的研究主要集中于以下两个方面：第一，城乡水利设施配置失衡。水利设施是水资源供给、利用、排放的主要载体，它决定了水资源分配的形式与结果。我国城乡水利基础设施存在着配置失衡的问题，尤其农田水利设施存在着较为严重的供需矛盾，长期的供给不足导致了农业供水模式一直呈现粗放式的发展。张郁等（2005）、朱锋等（2005）、杜玉娇和何新林（2012）认为水利设施作为一种公共性物品，受城市和农村所处的地位不同而差异性较大。在水利设施建设上，城市地区远高于农村地区；然而在水利设施的投资上，农村地区远低于城市地区，两者之间的不匹配尤为明显。第二，农村用水被城市用水所挤占。这主要表现为我国特有的水资源"农转非"现象，也就是受计划时代的城乡发展模式所影响，为了保证城市的优先发展，农村牺牲了自己的水资源利益，无偿将水资源优先供城市所利用。姜文来（2001）、高燕（2002）、曹麟等（2011）认为水资源"农转非"具有严重的后果。水资源作为生产要素过度流入到农村，这直接导致了农村发展状况进一步恶化。第三，城乡水资源管理方式存在较大的差距。当前我国对于水资源管理主要采取"城乡分割"以及"多龙治水"的模式，城市的取水、排水等基础设施为城市所有，其管道设施和管理制度的范围主要以行政辖区为界限。尤其自来水覆盖率，城市和农村相差了将近 30%（李桂君等，2016a，2016b，2017）。

与城市相比，农村在保证饮用水安全方面面临的问题较为严峻。因此，从城乡发展角度看，水资源配置应秉持"效率优先，兼顾公平"的分配原则，若置农村生产生活所需水资源于不顾，向城市投入过多的水资源及水利基础设施，将会激生城乡之间的社会矛盾，引发社会问题。无论对于改革水价与水权制度，还是城市和农村水利设施的建设和运营，都亟须对我国水资源管理体制进行改革。1993 年，为克服城乡之间水资源分配矛盾，解决水资源二元分割问题以长期实现均衡配置，深圳特此建立了全国第一个水务局，我国城乡水资源统一管理的序幕由此拉开并在较短时间内取得了一定进展。钱军强（2001）、汤水清（2006）指出应改变过去的城乡分治，建立统一的管理体系来协调城乡水资源配置失衡的矛盾，进而解决城乡水资源管理问题。王建华等（1999）、吴季松（2005）、魏淑艳和邵玉英（2012）认为针对城乡水资源二元分割问题，应进行水务综合一体化管理，克服"多龙治水""城乡分割"所带来的制度弊端。但是无论从实践上还是理论上，地方性的水资源一体化管理并没有从根本上得到解决。

4. 城乡水污染研究

通过梳理相关文献，城乡水污染研究主要集中于以下两个方面：第一，城市和农村的污水、废水处理设施建设存在较大的差距（姚建华等，2000；朱金峰等，2013；李同升和徐冬平，2006；骆永民，2010）。城镇具有完善的废水、污水处理设施，且一部分难于处理的废水、污水直接由城市转移到农村地区。而农村地区自身面临着严重的面源污染，农村对自身的废水、污水处理能力与城市相比存在较大的差距，城市占据了大部分的主要公共资源，管理理念与管理技术先进，管理人才充足。然而城镇的这些优势并没有很好地反馈给社会，使得城乡在污水处理能力方面相差悬殊。第二，城乡水污染治理受到的重视程度不同（刘卫东和陆大道，1993；李玉照等，2012；满莉，2012）。水污染防治涉及环保、工业、农业、市政以及民政等多个部门，这为水资源管理带来了复杂的挑战。然而，我国传统的水污染防治重点是城市地区，往往很少涉及农村地区。伴随着我国城市人口迅速增长及工业发展进程加快，城乡水资源间的联系程度逐渐增强。由于城市面临着"人多水少"的尴尬局面，且为了保障经济发展，这就势必会产生"向农村要水"的恶性循环后果。同时，由于城市地区大量的废水、污水未经处理就直接被排到农村地区，导致农村地区面临着严重的面源性污染（彭水军和包群，2006）。因此，需要统筹建立城乡水污染防治一体化，以便解决城乡之间相互影响的水资源污染问题。

5. 城乡水资源配置研究

现有的水资源配置研究集中于跨区域和产业层面，对于城乡之间的配置研究较少，相关研究可以概括为配置路径、配置主体以及研究方法等 3 个方面。在配置路径的研究方面，从区域或产业水量供需平衡开始，到以经济效益最大为目标，逐步发展到经济增长、社会发展、生态保护多目标协同的水资源配置模式。美国科罗拉多水资源研究所利用模拟和数学规划技术估算了美国未来的需水量以及用水效率的变化程度。Willis 基于线性规划和 SUMT 方法，构建地表水、地下水运行管理的水资源配置模型，对美国地表、地下水的分配模式做了初步探讨；美国学者 Masse 围绕流域水资源的配置问题提出了以开发和治理效益最大化为目标的非线性静态规划模型，指出了流域水资源配置的基本原则和具体步骤；Grafton 设计了一个随机动态模型用于模拟水资源在农业、工业和生态部门之间的分配问题；随着世界经济发展，水资源利用过程中出现了资源短缺和环境污染的问题，这意味着以经济效益为目标的水资源配置方式不再适用，社会效益和生态效益开始被纳入考虑。Carlos 和 Gideon 在研究以色列南部埃拉特地区水资源情况时，针对不同用水部门对水质的不同需求，建立以经济效益和社会效益为目标的多种水源配置方案；Roozbahani 针对伊朗西菲罗盆地实际情况，从经济、社会和生态 3 个方面建立多目标水资源优化配置模型并赋予不同权重比例，继而得到不同水资源配置方案。中国工程院院士王浩在研究干旱地区水资源利用状况时，以实现水土保持平衡、水资源得到保障为目标，用水资源二元演化理论，建立了水资源优化配置模型；邵嘉玥等在统筹考虑社会经济发展、城镇化推进、人口增长和生态环境协调发展的前提下，结合系统动力学理论，针对银川市水资源利用现状，建立了水资源多目标规划分析模型。

在配置主体研究方面，主要集中在配置主体的行为与选择上，现有的管理体制不能有效地协调多方主体间的资源行为及利益关系，难以遏制各利益主体的自利行为，从而成为水资源公地悲剧的制度性根源。Guldmann（2002）对跨国河流和国内跨区性河流分配冲突问题进行了研究，指出简单的非合作策略以及非弹性的官僚治理措施无法解决这些冲突，区域主体的自利行为最终将导致非理性的结果，水资源利用陷入"集体行动的困境"的尴尬局面。Ryu（2009）从各相关方与跨区性河流的利益关系出发，通过成本—收益分析方法，建立了一个多目标决策模型（MCDM）模拟水资源分配过程，避免利益主体之间的目标冲突，以实现水资源长期规划；李良序和罗慧（2009）对区域性水资源开发和利用的过度竞争现象展开了分析，认为河流的上游与下游、不同利益主体之间演变为谋取自利的"理性经济人"，竞相采取各种策略来增加水资源消费经济效应，避免承担水污染治理的成本。陈艳萍（2010）利用演化博弈模型分析了水权冲突，认为初始水权分配极易导致流域上下游、左右岸之间引发冲突，其根本原因是部分区域分配的水权过多，而部分区域分配的水权过少。水资源作为生产要素过度流入到城市，这直接导致了农村发展状况进一步恶化。

在研究方法方面，主要集中于基于数理方法和空间计量方法的不断发展。Watim 等通过设立一种伴随风险性和不确定性的水资源规划模型框架，研究建立了水资源联合调度模型；Wonghugh 提出了不同水源多目标、多阶段优化管理的研究方法，在研究地表水、地下水和非常规水源时将地下水质恶化防治纳入研究范围。Reshma 在研究降雨径流过程中引入单目标遗传算法，并结合多目标遗传算法，以提升准确率，结果表明该算法在总经济效益以及农业、工业经济发展方面都要优于 GA 算法；任加锐运用模糊综合决策和层次分析法，对新疆塔里木河流域的水资源配置进行了研究；刘丙军统筹考虑社会、经济、生态环境，结合信息熵，构建基于协同学原理的流域配置模型，解决水资源合理配置系统中多目标、多维数求解问题；石敏俊基于 GBEM 构建分布式水资源管理模型，从生态重建的角度，研究了石羊河流域水资源空间配置优化问题。

五、文献评述

从水资源评价的概念界定、量化方法向多方面展开研究，对水资源管理政策的制定也给予高度重视。水资源的研究是一个内涵与外延不断扩大的过程，从水资源量评价到水资源评价再到多尺度的水资源综合评价较为明确地指出了水资源评价的未来方向。通过对水资源系统的全面评价，为缓解区域水资源短缺危机开辟了新道路，然而在目前的水资源研究中仍然存在以下几个问题：

第一，水资源的内涵与外延的界定尚未成熟，因此导致其形成的理论基础尚不完善。对于水资源短缺研究的开展最早要追溯到 20 世纪 70 年代，但有关它的内涵与外延还一直处于争论之中。对于水资源的评价由单纯的对其自然属性的评价扩展到社会经济属性（Sullivan，2001）。然而各个属性之间的关系并没有明确说明，由此导致水资源问题的形成机理比较模糊。

第二，水资源的评价体系存在不足。水资源评价是一项复杂的任务，需要考虑许多方面，包括自然禀赋、社会经济、体制政策和环境问题。它实质上是从水资源系统、经济系统、社会系统以及生态系统等多角度进行评价的多维度问题，这些系统所具备的非线性、模糊性等一系列复杂的特征（Sullivan Caroline and Hatem Jemmali，2014），是目前常用的指数模型无法充分反映出来的，那么就需要将这些问题纳入一个单一的具有可比性的指标体系来进行横向比较。此外，在评估区域的水资源状况时，往往需要通过确定有意义的指标来说明这一状况，以给决策者制定政策提供相应的参考（Favreau et al.，2009）。对于有意义的指标体系，并无固定的选择标准，应当根据研究区域的实际情况来有针对性地选择不同的评价指标（Julie and Jonsson，2013）。建立一套视情况而可以随之改变的指标体系，斟酌并筛选能代表水资源不同属性及解决关键性问题的控制性指标，深刻理解水资源水质、水量及供需矛盾等一系列问题，为了解决空间尺度和管理目标各异的问题，应辨识并筛选适合的核心指标体系（Julie and Anna，2014）。水资源的评价被人批评最多的还是权重的确定问题。Fenwick（2010）指出，权重的确定受个人主观判断的影响，而最初研究所有指标采用的等权重也会导致结果出现误差。Liu 等（2018）批评 WPI 在运算过程中采用的主观权重或等权重会使得不同维度产生的结果使人质疑。它是分配给 WPI 不同组件的主观权重甚至连赋权者也没有被公开，这就使得指数的公信力饱受质疑。

第三，WPI 指数的缺陷。2003 年，世界水资源发展报告讨论了制定综合指标的必要性，并提议将 WPI 作为评估水资源的工具，因为它以单一和可比的数字直观地代表了一个特定地区的水资源的复杂性（Sullivan，2001）。但是 WPI 在以下三个方面遭到了批评。首先，Jemmali 和 Matoussi（2013）认为该指数忽略了关于物理需水量、水质、生态需水量的波动情况，更多的采用的是特定时点上的小尺度区域的水资源状况。其次，在原始 WPI 的评分方法方面，往往更强调加总后的数值，并在此基础上根据被评估单位之间的相对排名来确定，而忽略了五个组成维度的指标得分（陈莉等，2013）。因此，需要根据实际情况修改原始的 WPI 方法，使每个维度独立于其他维度进行评估，以扩大其适用性。最后，在微观尺度上，由于 WPI 是通过社区和决策者的参与制定的，这是否意味着不同社区、河流流域或国家会根据他们利益相关者的看法，给出不同的答案？曹茜和刘锐（2012）强调了选择正确的指标来测量单个组件的重要性，确保这些指标可以准确地反映该区域的水资源系统发展状况。那么，应该使用哪些数据来计算 WPI 呢？由于许多数据通常是根据行政区划，而不是水文区划统计的。因此，从指标数据的可获得性来看，计算选定区域的 WPI 时，根据行政区划实际上应该比根据水文区划更准确且更利于区域之间或者国与国之间的比较（Wenxin Liu et al.，2016）。

第四，研究尺度与研究工具单一化。水资源系统是一个动态的复杂的模型，它所处的外界环境也应该是一个相互联系的、循环系统。城市水资源与农村水资源的交互机理研究比较浅显，水资源系统研究应着重关注城乡二元分割问题在时间上的因果关系与空间上的对应关系问题，但该问题目前却未被给予足够的重视。国内外学者多是在 WPI 体系基础上构建评价单一尺度范围内的水资源短缺评价，进行驱动机理分析，而忽略了时间和空间的变化（Wenxin Liu et al.，2019a）。近年来，地理信息系统和遥感等空间计量软件被较多地应用到区域评价之中，这两种技术工具可以通过搜索、存储、处理及分析地理空间数据的方式来为平面底图施加独特的视觉效果并与地理分析工具紧密结合起来，为人们分析和处理问题开辟新道路（Villholth et al.，2013）。我们应该择优选取 GIS 和 RS 这两种工具，它可以为评价水资源与制定水资源管理政策提供科学、强力的支撑。

第五，水资源管理政策的不匹配性。在政策设计方面国外学者从宏观角度阐释了水资源配置的不同制度设计，强调提高水资源配置效率的根本途径是制度设计。现有水资源管理政策的研究对象往往是对西方国家水资源管理方式的探索。这就决定了研究人员过于强调"市场"的重要性。对水资源的管理更多的集中于用水效率以及产权私有等方面，这与我国的具体国情是不太相适合的（李传彬，2012）。现今，我国正处于"产权改革"的初级阶段，缺乏水权交易的土壤；同时，城乡分割是我国水资源管理的重要特征（曹建廷，2005），已有国内学者指出了城乡分割是导致水资源分配冲突的重要原因。然而，现有研究未能探寻到城乡分割和水资源分配冲突之间的内在联系。

第四节　研究内容、方法与技术路线图

一、研究内容

首先，对现有文献进行深入细致地梳理，以水资源评价理论、贫困经济学理论、生态评价理论、城乡发展理论以及共生理论等理论为指导，对水贫困的概念进行界定，在此基础上构建了水贫困理论的分析框架和研究框架，并作为后续研究的理论指导；进而，通过对我国西北地区各地市自然状况与社会经济状况的梳理，探明其发展历程与实践中存在的问题；再者，基于西北地区的实际情况构建适合城乡水资源发展状况的评价指标体系，并探索城市水资源与农村水资源之间的发展关系，厘清影响西北地区水资源发展的主要驱动因素，包括自然/生态因素和管理/人为因素；最后，从时间和空间的视角对城乡水资源的失衡关系进行模拟预测以及空间异质性分析。基于本书的研究结果，我们进一步设计了西北地区水资源可持续管理框架。本书的核心章节主要回答了三个问题：①西北地区城乡水资源的发展趋势如何？它们的主要驱动因素是什么？②城乡水资源处于一种怎样的失衡关系？它在时间上的演化以及空间上的分布呈现何种规律？③如何优化设计城乡水资源系统均衡发展的政策机制。围绕上述提出的几个问题，本书拟从以下6个方面展开研究：

第一，水贫困理论的发展历程与现有的理论问题、实践问题分析。在梳理国内外现有水资源研究成果的基础上，总结现有研究的理论问题与缺陷，定义水贫困的核心概念、构建水贫困的理论框架以及探讨水贫困关注的主要问题，从而对水资源问题展开研究。通过构建研究框架，提出水贫困的测算方法以及构思制定政策的思路，最终确定本书的总体研究框架。

第二，西北地区水资源系统面临的自然及社会问题分析。通过对相关文献的梳理与经验总结，明确我国西北地区水资源的发展情况，并从自然角度、经济角度和社会角度剖析水资源在发展过程中存在的现实问题与原因，从而为进一步的水资源测度提供一个大致的方向。

第三，探索西北地区城市水资源和农村水资源两者的发展状况。不同的指标会导致不同的结果，需要采用不同的管理规则。因此需要构建合适的指标体系，为政策的制定提供方向性的指引。WPI是整体不可分割的，这给管理政策工具的设计和政策效果的分析带来了新的视角。本书采用WPI框架的基本指标与能反映西北地区实际情况的特定指标相结合的方式对西北地区水资源进行评估，进而通过收集到的相关数据，运用计量经济模型实证分析确定了水资源系统发展的真实状况，从而减少政策指导上可能产生的偏差。

第四，识别影响西北地区城市水资源和农村水资源的主要驱动因素。通过分析西北地区城乡水资源的现状、问题和方向，在西北地区城市水贫困值和农村水贫困值的基础上，运用最小方差模型（LSE）将影响水资源发展的自然因素和人文因素提取出来。从全景式、多维度和多尺度的视角全面评价水资源发展状况，为进一步研究西北地区城市水资源和农村水资源之间的失衡关系提供基础。

第五，全面分析西北地区城乡水资源发展失衡的时间演变趋势和空间分布规律。基于西北地区城市水贫困值和农村水贫困值，运用H-D模型、哈肯模型以及脱钩模型从正反两个方面验证了西北地区城市水资源和农村水资源之间的失衡程度。在此基础上，通过运用时间演化的模拟预测方法与探索性数据分析，预测未来五年的变化趋势和空间异质性分布，从而为政策制定提供指导。

第六，提出切实可行的水资源管理政策。对当前设计水资源管理政策的必要性进行分析，从而确定指导规则设计的原则，实现水资源管理政策上的可行性和精确性。基于城乡水贫困发展失衡的测算结果，提出政策设计的必要性与原则，进而从宏观层面与微观层面提出相应的对策与措施。

二、研究方法

依据本书构建的研究框架，本书主要使用了文献分析法、概念分析法、描述分析法、理论分析法以及实证分析法等研究方法。具体如下：①运用文献分析法，梳理了与水资源评价相关的研究，了解水资源评价过程中存在的理论问题，从而对现有水资源评价的研究前沿有了更为全面地把握。在现有研究的基础上，本书构建了水贫困理论的分析框架，有助于科学定位本书的研究问题。②运用概念分析法，分析水资源短缺与贫困之间的关系以及界定水贫困概念的内涵和外延，为本书研究的进一步开展提供了理论准备。③运用描述分析法，梳理西北地区水资源的自然禀赋状况、社会经济发展状况以及水资源污染状况。通过对我国西北地区城乡水资源整体上面临的发展问题的把握，彰显本书研究主题的必要性和重要性，奠定了西北地区城乡水资源发展失衡研究的实践基础。④运用理论分析法，从理论层面探究水贫困的作用机理、解读水贫困的理论框架、探讨水贫困关注的主要问题，并揭示其内在逻辑。⑤运用实证分析法，对中国西北地区水资源状况开展评价。本书主要采用了线性规划和空间计量分析等工具，将资源经济学、空间计量经济学、管理学、地理学等相关学科进行学科交叉，应用于本书的研究。

实证分析主要运用了水贫困模型（WPI）、层次分析法（AHP）、熵权法（EM）、变权重（VE）、最小方差法（LSE）、均衡发展模型（H-D Model）、哈肯模型（HM）、动态的平滑系数回归模型（ARMA）、核密度模型（KDE）以及探索性空间数据分析模型（ESDA）等方法，从城乡分割的角度重新审视和评价西北地区各地市水资源的发展水平，测算了城乡水资源发展的失衡程度，揭示了西北地区城乡水资源在时间、空间上的发展趋势，以促进西北地区各地市城乡水资源的协调发展。本书在了解相关软件功能的基础之上，借助的技术软件为 EViews 6.0、GeoDa 2.0、Arcgis 12.0 等，具体的研究方法和内容概括如下：

（1）测算西北地区各地市城市和农村水贫困。由于测算方法以及数据处理之间的差异，现有研究对中国西北地区各地市水资源的测算不仅很少，而且时期跨度短，且主要集中于农村区域。与此同时，宏观数据的运算本身存在着统一口径与单位不同的特点，不同角度和量纲选择差异会带来数据偏差性问题，这就需要对所有的数据进行归一化处理。本书运用 WPI 模型测算了中国西北地区水资源的发展状况，同时，运用 LSE 方法识别了影响水资源发展的主要驱动因素，为下文测度西北地区各地市城乡水资源发展失衡程度做了铺垫。

（2）量化西北地区城乡水资源发展的失衡程度。从正反两个方面考虑，引入 H-D 模型以及哈肯模型探索西北城乡水资源发展的均衡性和失衡性。在此基础上，运用脱钩理论来分析城乡水资源失衡发展的滞后性，即城市和农村谁占主导地位的问题。本书在西北地区水贫困值计算的基础上，基于西北地区水贫困值的面板数据，运用 H-D 模型和哈肯模型测度了城乡水资源的发展失衡程度，并综合分析了城乡水资源发展过程中可能存在的滞后性问题。

（3）预测城乡水资源发展失衡的演化趋势。从动态的平滑指数模型出发，对中国西北地区城乡水资源系统失衡性进行短期的模拟演化分析，采用计量方法预测西北地区城乡水资源失衡关系在未来五年的发展趋势。

（4）探索西北地区城乡水资源发展失衡的空间分异规律。1988 年 Anselin 教授在空间计量经济学一书中指出，空间单元上某一个属性值或某种经济地理现象与临近空间单元上同一个属性值或经济地理现象之间在一定程度上具有相关性关系。同时，忽略了这种空间相关性并且假设各区域的经济行为是在相互独立的空间维度的"点"上进行。这可能会对模型的设定产生影响，导致存在一定的误差，因此，得到的计量统计结果的科学性使人怀疑（赵良仕，2014）。

由于中国各区域之间、城乡之间对水资源的开发利用存在较强的依赖性，相邻地区之间在水资源发展方面存在一定程度的关联。因此，本书选取中国西北地区 52 个地市为研究对象，利用探索性空间数据分析，对西北地区各地市城乡水资源发展失衡进行空间自相关检验，进而判断要素的属性分布是否存在统计上显著的聚集或分散现象，研究不同地域下城乡水资源发展失衡之间的空间关系。

三、技术路线图（图 1-1）

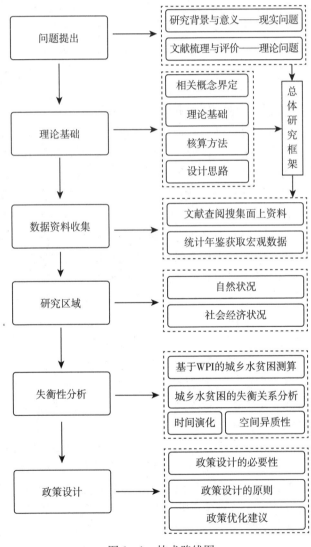

图 1-1　技术路线图

第五节　可能的创新之处

根据研究内容与研究结论，本书主要在理论、方法及视角三大方面进行创新：

（1）理论创新。国内外学者主要从效率、水价、水权以及管理等视角分析当前水资源短缺问题，忽略了区域性社会性因素。本书以水贫困理论为基础，克服了以往研究对区域城乡联动的忽视，完善了城乡水资源发展失衡的核算方法，并在此基础上提出了纳入最小方差的方法来因地制宜的设计水资源管理政策，进而有助于政策实施效果的提升。因此，将城乡关系与水贫困理论相结合纳入评价体系，不仅充实了现有的水资源评价理论，也为相关的后续研究提供了重要的理论依据与研究基础。

（2）研究方法创新。现有的研究往往使用等权重或者专家赋权法，测算结果往往会由于权重方法的同质性或者主观性较强而使得结果出现误差。本研究采用等权法与变权法相结合，既兼顾了专家的判断也保证了指标的客观重要性，使得测算结果更具准确性。

（3）研究视角创新。以往对水资源的探讨较少考虑时间和空间趋势的影响，导致实际应用中在模型设定方面存在一定程度的偏差，继而导致水资源影响因素分析结果和推论的科学性、完整性使人产生质疑，解释力较弱，政策制定存在滞后性。因此，本书在评价结果的基础上，将空间因素和时间因素统筹考虑到西北地区城乡水资源发展失衡的研究中，运用 H－D 模型、LSE 模型、DPSIR 模型、Haken 模型、KED 模型、ESDA 模型从协调、驱动、共生、时间演变、空间异质性等不同的视角对水资源进行全面评价，极大地丰富了水贫困的研究内容。

第二章 相关概念及理论基础

第一节 概念界定

一、水资源短缺与贫困之间的关系

水资源是维持生命系统的重要组成部分，在消除贫困和保障粮食安全方面发挥着重要作用（Food and Agriculture Organization，2014）。

在全球范围内，约有 13 亿人无法获得充足的安全饮用水供应，有 30 亿人缺乏适当的卫生设施（Ahmad，2003）。人们普遍认为，缺乏充足的水资源和卫生设施对穷人的影响最大。水资源短缺被认为既是贫困的原因也是贫困的结果（Alcamo et al.，2003）。世界银行确定了水资源供应与贫困之间的几个关键联系：健康、教育、性别以及收入与消费。水资源短缺对人类健康的直接影响是最广为人知的，但水资源短缺在教育水平、性别（特别是年轻幼女）、收入方面的作用同样重要。在没有足够的水资源供应的缺水地区，任何增加收入与消除贫困的措施不太可能取得成功（Néné et al.，2012）。因此，获得安全的水供应是消除极端贫困的必要条件。

Sullivan 提出的水贫困理论主要基于贫困的内涵：能力的退化与权利的缺乏（Julie，2014）。基于该定义，水资源短缺主要有两个原因：一是无法获得水资源，即水资源禀赋的缺乏；二是经济贫困，即社会缺乏应对水资源短缺的适应能力（Bazilian et al.，2011）。一些国家和地区负担不起输送安全用水的可靠供应管道（家庭供水、公共管道、钻孔、防护挖井、防护泉水、雨水收集和瓶装水）的费用。因此，Shah 和 Van Koppen（2006）使用水贫困来表示人们面临着无法建设安全用水的可靠供应管道和在水资源使用过程中存在的困难。Salameh（2000）指出，解决饮用水和卫生设施的安全问题将会有效影响到人类在其他领域的生活水平。如果一个地区拥有安全可靠的用水设施和卫生设施，那么不仅会减少健康问题，也会减少妇女和儿童取水的时间。这样他们将有更多的时间用于其他活动，比如接受教育。Shamsudduha 等（2011）重点讨论了水资源短缺与贫困之间的关系，建议采取某些行动或者制定相应的政策以健全水资源管理，从而达到消除贫困的目的。一方面，水资源短缺会阻碍粮食生产、收入保障和环境改善。它从物理上限制粮食生产过程中所需要的大量水资源。缺乏安全可靠的水资源及供水设施会降低人类的生产力，而低生产力将直接导致国家或地区贫困。另一方面，管理不善、资金不足等因素反过来会影响水资源短缺（Savenije，1999）。在很大程度上，建设资金的不足会降低该地区的用水数量以及用水质量，它在很大程度上取决于一个国家或地区的社会、政治和经济因素（Sullivan，2000）。在世界范围内，一个地区的经济水平与其获得水资源的机会具有密切的联系，水贫困理论为这种联系提供了一个新的视角。

二、水贫困概念界定

在干旱与半干旱地区，水资源短缺无疑是人类面临的最严峻的挑战之一。人类对水资源短缺的看法会直接影响利益相关者对水资源短缺治理这个问题的态度。

根据 Schewe 等（2013）通过分析非洲地区长期的降雨资料表明，在大多数情况下降雨与水资源的状况不匹配，即降雨充足，也会发生水资源短缺的状况。因此，她认为水资源短缺在更大程度上是由人为因素而不是自然因素导致的。因此，水资源短缺不仅是一个自然问题，而且是一个人为问题。作为一种自然现象，水资源短缺意味着它主要是由于降水稀少或很少导致的（Bakker，2001）。相比之下，作为一种人为现象，水资源短缺则意味着即使降水量充足但人们依然没有足够的生产、生活用水。基于人类的活动这一视角，水资源的短缺是一个社会建构的概念（Néné et al.，2012）。

对于水资源短缺也有不同的定义。由自然因素或人为因素引起的物理上或数量上的水资源短缺是一个普遍的术语，它被归因于暂时性水资源量不足以满足人类的用水需求（Homer，1995；Jaramillo and Destouni，2014）。水资源短缺的另一个主要原因：是资源稀缺加剧，出现这种稀缺的情况不是因为自然用水不足而是因为经济用水不足（Sullivan and Hatem，2014）。但这些明确的定义并不适用于所有情况。与这一现象有关的因素和维度主要为社会维度、经济维度和生态维度。因此，"水贫困"作为一个新的术语和概念被引入，以涵盖水资源短缺的所有方面，并将水资源短缺与贫困区域的水资源的可用性联系起来（Seckle et al.，1998b）。在大多数情况下，水资源短缺出现在没有充足水源的地区，它在很大程度上取决于当地存在的社会问题、经济问题以及生态问题。事实上，水资源短缺是由于该地区的经济贫困造成的（Larris，2012）。由于经济贫困的影响，该地区缺乏取水能力或缺乏用水权利（Cullis and Regan，2004；Juwana et al.，2010）。

近十年来，水贫困这个词已经上升到了被全球关注的地位。然而，这个词的定义一直存在争议。不同的学者提出了不同的定义，这些定义并不总是一致的。定义范围从居民生活和粮食生产需要（Chenoweth，2008）到如何获得充足可靠的水资源（Danny et al.，2010）。在大多数情况下，水资源短缺与一个国家或地区的经济发展水平有关，可以肯定的是两者之间有很强的联系，但这种联系的复杂性主要在于因果关系，可能是双向的（Sun et al.，2018）。因此，很难用一个统一的表达术语来概括水贫困的定义。水贫困这个词本身就过于笼统，容易造成理解上的混乱，从而无法理解这些问题背后存在的更复杂问题。最初是在未考虑水资源难以利用的经济和社会原因的背景之下对水贫困进行概念的界定，人们经常将其与水资源短缺以及水资源压力等概念混用。Sullivan（2002）描述了水贫困指数，将水贫困定义为某一地区人口对于维持日常家庭生活所需和粮食生产所用的水资源的需求程度，其具体含义为"可再生能源的数量与在普遍的气候条件下每年用于粮食生产和家庭生活所需的水资源量之间的比率"。然而，这一定义并未涉及贫困的概念，也没有处理非农业生产之外的问题。该定义主要聚焦于水资源的可用性，而忽略了包括社会因素在内的水资源短缺。Jarvis（2013）提出了一个补充性的概念，她建议在一个国家或一个地区内，将用水人口占总人口的比例和获得安全饮水和卫生设施的人口比例以及容易获得供国内生产用水的人口比例作为评价指标。这一指标的优势在于强调用水部门和穷人的需求。然而，水贫困应该是一个综合的概念，Jarvis 忽略了水质方面的问题，也没有关注处理水冲突或水矛盾问题的能力。Jemmali 和 Matoussi（2013）将"提供可持续的清洁水供应的成本与承担这些成本费用的能力"建立了密切的联系。在 2012 年，该含义在英格兰和威尔士的水价报告中被引用，它被定义为当一个家庭负担的水费占其家庭总收入超过3％的情况下，该家庭即可被认为处于水贫困的状况。该定义的主要目的是为了获得能够负担得起的水资源，但并未纳入家庭与水贫困有关的其他方面。Néné 等（2012）将水贫困理解为一个国家或地区没有充足而稳定的水资源供应的状态，她所提出的水贫困理论是以取水能力与用水权利的缺乏为基础的。

在这些概念的基础上，本书归纳前人已有研究成果并提出水贫困是一个国家或地区所有人在任何时候都负担不起可持续清洁水资源的成本的情况，该情况主要是由于该区域自身的气候条件、资源禀赋、地理区位、社会经济等原因而缺乏获得取水能力或用水权利导致的。这一定义是视实际情况而定的，它主要由两个部分组成：用水成本和负担能力。其中更复杂的是用水成本部分，因为它需要说明"人人享有可持续清洁水"这一定义的后半部分。就水资源管理而言，留给后代的水资源的数量和质量应与现有的水资源相似（Gerten et al.，2013）。为实现这一目标，用水成本既包括水资源使用所需的费用，也应包括防止或治理水资源污染所需的费用。同时，将目前已经受到污染的水资源恢复到人类可以接受的水平，以便当代人将代际之间的外部因素内化（Doll et al.，2012）。因此，用水成本应包括污水、废水处理，以免对任何水资源构成威胁。"清洁水资源"意味着需要达到基本的水质标准，因此，这种用水成本也应包括必要时的水处理。"人人享有"一词意味着成本应包括向社会各部门和区域提供清洁安全的水资源。"时刻"一词意味着，应包括克服供水时间变异性的相关费用，例如建造和运营储水、供水以及排水的基础设施。本质上，这几项要求旨在解决可持续性概念的代际公平层面，因为它们排除了只有某些地区全年享有安全卫生的水供应的情况（Engelman and Leroy，1993）。上述定义中的第二个关键术语是负担能力。将安全卫生的水资源供应的可负担性定义为向所有人支付可持续清洁水的费用的潜力。如前面所界定的那样，衡量这一潜力的方法是以国内生产总值或国民收入的百分比来衡量（Jaramillo and Destouni，2014）。这个百分比不应超过某一个值的上限。然而，什么样的百分比是合理的是一个规范性问题，本书不予探讨。

第二节　水贫困的理论框架

一、水贫困的理论解读

越来越多的人认为水资源是最紧张的资源之一，水资源短缺和贫困之间存在着密切联系。联合国可持续发展的 17 个目标特别关注了这一问题（Van Beek et al.，2011）。如：目标 1，即"消除极端贫困和饥饿"，具有重要意义"，因为水资源是人类维持生存的基础性资源，如果没有足够的水资源，任何人都无法摆脱极端贫困。这是一个充分条件而非必要条件：安全饮水的供应不会自发的导致减贫。获得安全可靠的清洁水资源是生活质量的充分的而非必要条件；目标 7，即"确保环境可持续性"；目标 10，"到 2015 年，无法持续获得安全饮用水资源的人口比例将减少一半"。

在此背景下，水贫困指数是一个有效的监测工具，使得各国政府和决策机构能够随时掌控水资源系统的发展状况，并提醒他们注意水资源发展过程中可能存在的问题。

本书通过比较的方式描述不同国家或者地区所面临的不同类型的水贫困。在以下几个前提之上进行分析。第一，水资源供应的数量越多，相应付出的成本也就越高（黄昌硕等，2010）。第二，如果要保持区域卫生与人类健康，那么就必然要提升对于水质的要求（姜锋等，2012）。第三，水资源的使用不能局限于当代人，同样也要考虑到后代人的利益（靳春玲和贡力，2010）。第四，通过比较各国的相关数据发现，在雨量充足的许多国家，许多人得不到满足基本卫生需要的水资源（何栋材等，2009）。第五，尽管水资源可以循环使用，但是必须对污水、废水进行处理。以上前提主要是由降低威胁健康的可能性和环境外部性所决定的（鞠秋立，2004）。

图2-1清晰地说明了水贫困指数的理论含义。纵轴清晰地描绘了人们在享有卫生、安全、可靠的清洁用水时所付出的费用成本，即用水成本。用水成本的高低主要受到水资源禀赋的影响。这种能力从下往上逐渐增加，表明提供清洁可用的水资源所负担的成本也在随之增加。横轴清晰地描绘了任何地区的人口能够负担得起这种成本的能力，即用水能力。用水能力主要受到社会经济条件的影响。这种能力从左往右增加，因此提供清洁可用的水资源所付出的费用占国民生产总值比重在相应减少。由图2-1的四个象限可以看出：右下象限描述了用水成本较低、区域具有较高的用水能力这一情况。这些情况主要存在于富裕的湿润地区，特别是西欧和北美洲。在这些国家，提供清洁可用的水资源所付出的费用主要与改善水质和防止水资源污染有关。右上象限的地区需要承担较高的用水成本，但由于这些地区很富裕，这些费用仅占国内生产总值很小的一部分。这个象限以气候干旱但富裕的海湾石油国家为代表，这些国家具有较强的经济实力，即使进行大规模海水淡化，也可以负担得起。因此尽管这些地区的水资源量极其短缺，这些地区也可以享有充足的可持续的清洁水资源供应。因此，根据水贫困的含义，这些国家并不会被视为水资源短缺国家。左下象限描绘了气候湿润、水资源丰富的贫困地区。在这些区域，尽管用水成本可能很低，但由于其国内生产总值也很低，因此这些相对较低的费用对这些地区来说也可能是一个较大的负担。这个象限的主要代表国家是刚果、马达加斯加或孟加拉国等。这些国家在地理位置上并没有受到水资源短缺的影响，然而，由于经济发展水平低，政府的财政能力较差，这些国家处于水资源短缺的状态。根据我们对这些地区现实经验的总结，这类地区并没有任何水资源量上的短缺问题，但现实情况往往是截然不同的，由于系统性的国家失灵，导致安全、卫生的清洁水资源供应设施极其落后（傅湘和纪吕明，1999）。这些国家的人们往往把收入的很大一部分来负担用水成本，因此该地区也被认为是缺水的。

最糟糕的情况，即为左上象限。在这种情况下，在任何时候该地区的人口都需要负担很高的用水成本，而该成本占国民生产总值的很大一部分（李玉敏和王金霞，2009）。因此，在这种情况下，用水成本对其居民来说是负担不起的，会遭受较为严重的水贫困。最容易出现这种情况的区域是干旱或半干旱地区的贫困国家。这些国家没有足够的财政收入来应付由于人口增加带来的用水需求增加或水资源污染加剧。通过图2-1的分析，我们可以看到水贫困的理论含义以及不同的类型。然而，各国的水贫困状况并不是一成不变的，因为许多不同的因素相互关联，将共同影响一个地区的水贫困程度。图2-2说明了

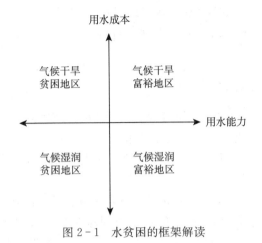

图 2-1　水贫困的框架解读

一个国家或地区在长期内可能会影响水贫困程度的几个主要因素。其中一些因素，如气候变化或经济结构转型，可能会对水资源的供应成本产生积极或消极的影响，这主要取决于特定地区的气候类型或经济结构。如果该地区降水量增加或者对水资源依赖程度较高的经济部门的数量有所减少，那么长期的人均用水成本可能会下降（Acreman and Dunbar，2004）。其他因素，如污染加剧或人口增加，只会导致长期的水资源供应成本增加。图 2-1 清楚地表明，尽管一个国家或者地区的水贫困程度在一定的时间内比较严重，但是由于经济发展和污染治理，该区域的水贫困程度会随着时间的推移而减少（Brauman et al.，2016）。这与以往界定水资源短缺的方法有很大不同。现有的大多数方法都采用 Falkenmark 指数的标准，显示出水资源的形势在持续恶化，因为水资

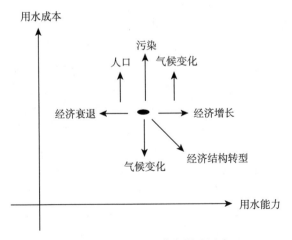

图 2-2　水贫困的潜在影响因素

源状况保持不变，但人口数量却在持续增加。这明显不符合实际情况。在下一节，将详细分析水贫困理论主要考虑的问题，进而分析水贫困理论的框架结构。

二、水贫困考虑的几个问题

水贫困指数是一个对水资源进行全面评估的监测工具，以更广泛的方式看待水资源的供应和获取情况。在这种全面评估中需要考虑的一些问题是：水资源禀赋、供水设施、水质及供水的可变性、水资源分配、环境方面、空间尺度问题以及制度问题。

（1）水资源禀赋。这是水贫困所需要考虑的最重要的问题之一，即水资源量及其每年的变化情况，它构成了一个国家或地区的水资源本底性基础（Brown and Matlock，2011）。尽管，水贫困理论更强调水资源的社会经济属性，但是水资源的自然属性仍占据了水贫困评价中很重要的一部分。同等的社会经济条件下，水资源数量充裕地区的人类福祉要高于水资源短缺地区的人类福祉。

（2）供水设施。供水设施不足会导致人类取水时间、取水距离以及取水成本的增加。而取水时间和取水距离是人类取水的两个最大的制约因素，两者之间具有高度的相关性（Cairncross，2003）。2000 年，Tayler 在斯里兰卡的一个贫困城市的社区研究中表明：在市中心的一个地区，大多数房屋的 50 米范围内都有水龙头可供使用。然而，在远离市中心的一个有 460 人居住的社区，只有两个水龙头可供使用，排队时间很长。在旱季时，水资源面临的压力很大，富有或有社会影响力的人往往会优先得到供水，导致穷人排队取水的时间更长。在城市边缘的另一个社区，水压一般都很低，人们不得不等到午夜后才有水流，然后他们就得排队取水。南非水务和林业部长曾经指出，"在一个有自来水供应的村庄，一个年轻的妇女背着她的孩子在河床上取水，而距离我们提供的安全的清洁供水设施仅有几米远。她这样做是因为她必须在购买食物和购买水之间做出选择"（Karlberg et al.，2015）。

（3）水质及供水的可变性。水质不应被简单地界定为改进水资源的质量。例如，在坦桑尼亚的一些水质改善的村庄供水中发现了大量的氟化物，导致了当地居民患上了严重的氟骨病，孟加拉国同样也出现了许多饮用村庄水井中的含砷水而中毒的病例。水资源对健康的影响既与水质有关，也与其在合理距离内的水资源可得性有关。研究表明，距离房屋不到 1 千米的清洁水往往会改善健康状况，因为人们有条件也有能力使用更多的水资源进行清洁和清洗。水资源供应的多变性是常常被忽视的另一个重要因素。世界许多地区的降水量和河流流量季节性变化很大，这往往导致了旱季水资源供应不足，人们不得不转向更远的地区取水或被迫使用遭受污染的水源（Schewe et al.，2013）。长期干旱的气候变化，不可靠或不稳定的供水系统也可能会进一步增加这种用水压力。除此之外，在发展中国家的许多农村地区，供水基础设施不足、资金不足或维护不善也是导致水资源供应不确定的一个关键因素（Sullivan and Meigh，2007）。

（4）水资源分配。世界卫生组织和地球儿童基金会联合监测方案只解决了家庭生活的供水问题。然而，在现实中，农业生产与工业生产也是水资源使用的两项重要用途。在世界许多地方，灌溉用水和牲畜用水是农户生计战略的关键组成部分。同时，工业用水（例如制砖、啤酒酿造和纺织等）可以帮助人们迅速摆脱贫困（Howard，2002）。而这些经济活动都需要充足的水资源供应。由于家庭生活需要以外的用水量往往较大，特别是灌溉用水，这可能导致围绕水资源用途之间的竞争。农业和工业对水资源的污染也可能是冲突的根源。当然，大规模商业、农业、工业和采矿对水资源的争夺会加剧这种冲突，这些冲突最后往往会衍变为"城乡之争"。

（5）环境方面。只有在供水系统的建设、维护和改善不造成环境破坏的情况下，才有可能实现水资源的可持续发展（Guimarães and Magrini，2008）。因此，维护水资源环境的完整性至关重要，因为生态系统提供的产品和服务是生命支持系统的重要组成部分。其中，土地是最具生产力的生态系统之一。

（6）空间尺度问题。水资源系统作为一个复杂的循环系统，在空间分布上往往是多变的。往往两个仅相隔几十千米的地区在社会和经济特征以及实际可用的水资源方面存在很大的差异（杨玉蓉等，2013）。例如，世界卫生组织对坦桑尼亚相距20千米的两个村庄进行了调查：一个村庄水资源相对充裕，安全可靠的清洁水供应设施大多分布在居民房屋的几百米范围内；而另一个村庄，人们必须走9至14千米的路程才能取到安全可靠的水资源（Brauman et al.，2016）。这种重大的空间差异需要持续进行监测，并且改善这种情况只能寄希望于政府层面，因此在水资源的评价中，有必要选取能反映地方多样性的指标。

（7）制度问题。水贫困指数的结构与人类发展指数相似，最初是由Sullivan提出了使用各种指标（即发展、性别、食品、政治、健康等）来评价水资源短缺状况，并特别强调水资源可用性与减贫之间的联系。Hatem和Lina（2016）认为，WPI作为一种透明而简单的工具，具有整体性反映水资源发展状况的优点。WPI采用了多维度的方法比在SWSI中使用HDI作为社会脆弱性更具优势，并包含了代表生态系统对水资源的影响（即环境的可持续性）。WPI提供了一种了解水资源问题复杂性的手段，统筹考虑资源、社会、经济和环境方面的因素，并将水资源短缺问题与贫困联系起来。由于其简单性，

WPI可以以一个数字来向决策者说明特定地区的水资源情况（Hellegers et al.，2008）。同时，为了向决策者和利益相关者说明其复杂性，WPI可以通过直观清晰的方式显示五个组成部分的价值，进而帮助决策者确定优先干预的次序以及最需要制定政策的水资源维度。WPI的一个优点是以发展中国家为研究对象，特别适用于较贫困的地区，比较准确地反映了并区分了该地区在水资源方面的重大关切问题。WPI的另一个重要优点是，它的构造是为了在一系列的尺度上进行水资源评价，具有相关性和适用性（Shah and Van，2006）。在更广泛的尺度内，有可能将大规模的农业和工业用水以及环境因素纳入跨国水资源的评价体系，进而制定相应的水资源管理制度，也是今后研究的一个重点。

三、水贫困的框架结构

贫困被认为是由于能力与权利被剥夺而产生的一种负面效应。根据Ohlsson（1999a）的研究表明：贫困是由于缺乏至少一种基本条件（或技能），而这些条件（或技能）是有效生活的先决条件。从这个意义上说水资源短缺与贫困的基本先决条件是一致的。同时，水资源将产生许多额外的影响。就健康而言，水资源短缺与人类健康有直接关系，因为缺水将导致个人卫生和食品卫生无法得到保证。此外，水质变差或水源污染也可能导致人类患一些疾病（De et al.，2014）。就生产力而言，水资源在维持人类生计方面也是决定性的因素。因此，获取水的能力将影响个人的收入水平，因为本可以用于经济活动的取水时间将无法得到有效的利用。就当地环境而言，水资源短缺可能会通过减少生物量或增加荒漠化和风力引起的土壤侵蚀速度而对当地环境产生负面影响（Gardner and Engelman，1997）。

为了解决水资源评价的复杂性问题，采用综合评价指数是一个可行的方法；在可能的情况下，综合评价指数应该与现有的体制结构和统计程序相适应。水贫困指数的概念是从全球范围的水资源评估工作演变而来的。例如，在确定水贫困指数的构成部分时，使用了世界卫生组织、全球儿童基金会联合监测方案的儿童死亡率数据，以及人类发展指数中的卫生和教育数据（Giordano，2006）。同时，还选择了环境可持续性指数中的环境成分作为生态系统用水需求的替代指标。

鉴于上文讨论的背景，水贫困指数被设计为一种综合的、跨学科的工具，将水资源和人类福利指标联系起来，以探讨水资源短缺对人类的影响程度。该指数的主要重点关注对象是发展中国家，因为这些国家受水资源短缺的影响最大。世界水联合会提议将水资源短缺、供水设施以及与用水能力有关的社会、经济和环境因素结合到一起来进行水资源的整体评价。为确保纳入所有重大相关问题，水贫困指数是与利益方、决策者和专家学者经过协商制定而成的，主要有五个关键组成部分：

（1）资源，主要表现为地区水资源的本底条件，包括地表水和地下水的实际可用水资源，同时还应考虑到水资源的可变性以及人均水资源量。

（2）设施，主要表现为获得安全可靠的清洁水资源的能力，包括安全水源的距离、收集水资源所需的时间以及其他重要因素。

（3）能力，主要表现为水资源管理能力的有效性。在经济意义上，能力被解释为可以获得质量更好的水资源，这与教育、卫生以及收入等因素息息相关。

（4）使用，主要表现为水资源在不同用途间的分配，包括家庭用水、农业用水和工业用水以及生态用水。

（5）环境，主要表现为水资源外部环境的完整性，包括生态系统提供的产品和服务对水资源的反馈情况。

这五个组成部分基本涵盖了WPI所关注的所有问题。虽然五个维度本身并不适合被测量，但每个维度都由许多指标或变量组成，这些指标或变量可以通过各种方式直接测量或评估。指标或变量是被决策者广泛使用的、用来评价复杂问题的工具。它们的优点是可以以一个数字来衡量多个领域的发展程度，并可以将数量和质量有机结合起来说明问题。即使存在某些我们感兴趣的原因无法或很难通过直接测量获得，也可以通过使用代理变量来解决这个问题（Sullivan，2000）。因此，指标或者变量提供了一种简单的衡量标准，可以明确地将一个国家或地区的变化情况与其他国家或地区的变化情况相比较，并对该区域一段时间内的变化情况进行评估。

第三节　理论基础

一、水资源配置理论

稀缺资源配置问题是经济学的核心问题。资源配置是指对相对稀缺的资源在各种不同用途上加以比较做出的选择。在社会经济发展的一定阶段上，相对于人们的需求而言，资源总是表现出相对的稀缺性，从而要求人们对有限的、相对稀缺的资源进行合理配置，以便用最少的资源耗费，生产出最适用的商品和劳务，获取最佳的效益。资源配置合理与否，对一个国家经济发展的成败有着极其重要的影响。在经济学中，资源有狭义和广义之分。狭义资源是指自然资源；广义资源是指经济资源或生产要素，包括自然资源、劳动力和资本等。资源配置是指资源的稀缺性决定了任何一个社会都必须通过一定的方式把有限的资源合理分配到社会的各个领域中去，以实现资源的最佳利用，即用最少的资源耗费，生产出最适用的商品和劳务，获取最佳的效益。资源配置即在一定的范围内，社会对其所拥有的各种资源在其不同用途之间分配。一般来说，资源如果能够得到相对合理的配置，经济效益就会显著提高，经济就能充满活力；否则，经济效益就会明显低下，经济发展就会受到阻碍。伴随着稀缺资源无限需求和有效供给的矛盾，资源配置逐渐成为解决这一矛盾的有效方式，成为学者关注的重点。

我国水资源优化配置理论与技术的起步都较晚，20世纪80年代初开始运用系统工程方法进行研究，随后建立了多种水资源优化配置模型，且水资源研究地域范围在不断扩大。目前，主要形成的水资源配置理论有：以需定供、以供定需、基于宏观经济的水资源配置理论以及可持续发展的水资源配置等（魏东方，2020）。该配置理论认为水资源取之不尽，用之不竭。经济效益最优化是其唯一的目标，具体是指用历史或现阶段的国民经济发展速度和产业结构来预测未来经济的发展情况，由此获得水资源的需求大小，根据需求确定应供水量（Li et al.，2021）。在进行水资源配置时，该理论采取各水平年的需水量均值，因此忽视了其他制约和影响需水量的因素。以需定供的理论缺乏节水意识，以此作为水资源配置的依据往往会造成水资源的严重浪费，不能有效发挥水资源的利用价值，故而这一配置理论仅适用于水资源充足的地区，对于缺水地区并不适用（Wu et al.，2021）。以供定需的配置是根据水资源的供给量来安排经济发展的生产，突出合理开发和利用水资源的思路，通过水资源来确定产业结构，这样有利于水资源的保护。但地区经济社会的发展水平一定程度上也会影响水资源的开发利用程度，依据资源量控制经济发展，水资源不足的情况下经济发展也会受到限制，反过来又会限制水资源开发利用的效率，形成制约发展的恶性循环（Wang et al.，2020）。水资源的供给量与经济发展应该紧密联系，独立于发展之外的供给量往往是低效率的，在以需定供的理念中供给量与地区发展被分离，水资源的开发利用与经济社会的发展缺乏动态协调的作用，往往会低估地区经济发展的规模，不利于地区经济的发展（Mu et al.，2021）。我国土地面积广阔且纬度跨度大，不同区域的水资源禀赋存在差异，且气候条件如降水量、光照时长等不同，导致我国各省份的水资源条件相差较大。我国的东部地区与南部地区的水资源总量较为丰富，北部地区为缺水地区，中西部地区则经常出现严重缺水的状况（Chen et al.，2021）。为了改善水资源分布不均的现状，缓解人类社会活动对水资源造成的压力，更多学者认为可以通过修建水利工程或引进高效率的节水技术实现水资源的科学配置，提高农业水资源的利用效率（Zhao et al.，2020）。

水资源合理配置的基本目标是，根据经济技术条件，对资源进行时间上合理调整，空间上合理布局，以充分利用水资源，使得水资源总体利用效益最大化，从而满足日益增长的各种社会需要。作为经济学的重要问题，随着经济学的发展，资源配置效率的理论从古典经济学到新古典经济学，也得到了不断发展与认知。水资源配置理论是指在可持续发展的原则下，水资源在各用水部门实现合理的分配，以最小的用水量实现最大的社会效用与经济效用的目的。随着人口增加、经济发展，水资源供给量与人类对水资源的需求量严重不匹配（程序，2007）。人类对于缓解水资源供需矛盾的手段主要集中于四个方面：技术方式、经济方式、物理手段和行政手段。然而，以提高用水效率为目标的技术手段和以水价水权为手段的经济方式在短时期内见效慢，很难取得立竿见影的效果，在水资源配置中被采用的不多。在这种背景下，通过大力开采地下水与河水的物理方式和直接跨区域调水与向农村要水的行政方式成了水资源配置的常用手段。尽管这两种配置方式在一定时期内解决了水资源短缺的问题，但同时也带来了新的问题：农村水资源短缺加剧、水资源环境恶化、干旱洪涝灾害频发、地下水开采空心化（董磊华和熊立华，2012）。对于水资源的合理配置以及实行有效的配置手段的前提是对水资源的发展状况进行科学评价，依据得出的结论制定相应的水资源管理政策。水贫困理论正是从水资源合理配置和水资源有效管理这两个关键问题出发，统筹考虑了研究地区的水资源禀赋情况、水资源基础设施情况、用水能力、水资源在各部门的分配情况以及水资源对生态环境的反馈情况，全面把握水资源发展的真实状况，从而实现研究区域水资源的合理配置与水资源有效管理（彭少明等，2017）。这里，我们通过对西北地区城乡用水配置的简要分析，来说明当前我国较为严峻的城乡用水矛盾。

2017 年，我国水资源总量为 28 761.2 亿立方米，比 2016 年下降了 11.4%，人均水资源占有量为 2 074.5 立方米，比 2016 年下降了 11.9%，不足全球人均水资源量的 1/4。降雨的年际变化大，主要集中在 5 月至 10 月之间，占全年降水量的 70%（国家统计局，2018）。无论是水资源量还是降水量，在空间分布总体上都呈现出"南多北少"的态势。西北地区面积占全国国土面积的 31.7%，而水资源量仅占全国的 8.7%，水资源空间分布极不平衡。由于水资源与土地等资源分布极不平衡，经济社会发展布局与水资源分布之间不相适应，导致西北地区水资源供需矛盾尤为明显。

近年来，随着城镇化率提高，经济发展加快，我国的农村人口大量流向城市。受工业增长和人口增长的双重影响，用水量需求激增。在这种情况下，向农村要水就成为城市迅速摆脱水资源短缺状态的一种有效手段（孙才志等，2002）。本书通过考虑同一区域内城市用水量和农村用水量之间的相关性来评价水资源在城市地区和农村地区不合理的分配程度。通过对 2000—2017 年西北地区陕西省、宁夏回族自治区、青海省、甘肃省以及新疆维吾尔自治区五个省份的城市用水量和农村用水量计算得出了城市用水和农村用水的相关性，具体结果详见表2-1。2000—2017年西北地区五个省份除了宁夏回族自治区以外城市用水和农村用水都呈现反向变动的趋势，这主要是由于城镇化的加速发展导致用水量快速上升，同时由于粗放的农业发展方式，农业用水效率不高，农业产量与用水量呈现出明显的正相关关系，农业粗放的用水方式却不能适应社会需要，得到有效转变，当产量预期不断增加时，农村用水量也随之上升。在这种双向矛盾的发展下，城市用水对农村用水的挤压程度明显。总而言之，城市用水对农村用水的挤压程度，使得水资源在城乡配置之间的矛盾日趋激化。

表2-1　西北地区城市用水和农村用水的负相关关系

地区	陕西	宁夏	青海	甘肃	新疆
相关系数	—0.42	0.15	—0.05	—0.26	—0.07

二、贫困经济学理论

贫困是一种世界现象，消除贫困也是世界各国努力的目标。最早对贫困问题进行探讨的是英国经济学家马尔萨斯。在其代表作《人口原理》中，最早对贫困问题进行了理论探索。他认为，资本主义社会中的贫困并不是由资本主义私有制造成的，贫困自身是贫困的原因。因为：一是"两性间的情欲"会导致人口在食物供应允许的范围内最大限度地扩张；二是人口的加速增长使劳动力的供给增加，从而对既定的土地资源形成压力，一旦这一过程趋于恶化，其结果只能是饥荒和死亡的增长；三是从长期看，食物供给的增长滞后于人口的增长，即食物供应是按算术级数增长，而人口则是按几何级数增长的，因此贫困是不可避免的，它与资本主义私有制度不相干。不仅如此，他还企图证明，私有制还是使人口和生活资料保持平衡的最有效的制度。

马克思主义理论研究中所涉及的贫困，是早期资本主义发展中的贫困问题。马克思、恩格斯一生的理论研究，涉及了大量的贫困问题，但这些问题发生的背景都是在资本主义发展的初期，是资本积累和贫困积累最典型的时期，也是资本主义经济危机周期性频繁爆发和失业人员大量出现的特殊时期。工业革命之后，对资本主义社会存在的贫困现象，进行了科学的分析和深刻揭示的当首推马克思与恩格斯。马克思最早从制度层次上揭示了贫困的根源。马克思的贫困学说，是关于资本主义制度下无产阶级贫困化及其趋势的理论，具有阶级贫困的性质与制度分析的特点。它立足于资本主义生产的本质就是生产剩余价值，就是资本吸吮雇佣工人的剩余劳动。而这种私有资本对工人创造的剩余价值的无偿占有就是马克思称之为"雇佣劳动制度"的必然结果。雇佣劳动制度怎样给雇佣劳动者阶级带来贫困化呢？马克思指出："最勤劳的工人阶级的饥饿痛苦和富人建立在资本主义积累基础上的粗野的或高雅的浪费之间的内在联系，只有当人们认识了经济规律时才能揭示出来"。而这个规律，主要是资本主义的剩余价值规律和资本积累的一般规律。马克思在其巨著《资本论》中指出：在资本主义制度下，资本家为了攫取更多的剩余价值，就不断地把剥削来的剩余价值中的一部分转化为资本，扩大资本主义再生产。资本有机构成随着资本积累的增长而提高。随着资本集中和资本有机构成的提高，资本家用于购买生产资料的不变资本相对地增大，用于购买劳动力的可变资本相对地减少。可变资本相对地减少，从而雇佣工人也相对地减少，因而不断地产生出一个相对的超过资本增值所需要的过剩人口，从而出现机器排挤工人的现象，产生相对过剩人口。这个过剩人口不是同生活资料相比成为绝对多余的人口，而是同资本积累相比变为过剩的。

美国学者 Nurkse 于 1953 年在其代表作《不发达国家资本的形成》一书中分析了贫困形成的原因。他认为一个国家或者地区会发生贫困并非由于它的资源不足（资源丰富的非洲国家是一个很好的例子），而是由于经济活动中权利与能力的缺乏。在经济活动过程中，这种权利与能力的缺乏会导致贫困陷入一个恶性的循环，即发展中国家的经济基础差，人均收入水平低，人们不得不把收入主要用于生活消费，而很少用于储蓄，从而导致社会资本不足，而使得生产规模难以扩大，低产出必然是低收入（樊怀玉和郭志仪，2002）。处于一种循环恶化的状态（刘穷志，2010）。在 20 世纪 70 年代后，阿马蒂亚·森认为，帕累托最优化原则没有考虑到收入分配问题。按照帕累托最优化原则，任何一种收入分配状况都是最优的，但是任何一种收入再分配过程都是对帕累托最优化的破坏。因为收入再分配总是会使一部分人的收入下降。其结果是对"帕累托条件"的一种悖论。因此，收入分配结果应该成为经济和社会状况的一种评价标准。即收入分配理论应该有一个价值标准，用来评价一种收入分配结果是否比另一种收入分配结果更好。一个常用的方法是通过社会福利函数的变化来衡量。并认为社会福利水平应该取决于两个主要决定因素：一是平均收入水平；二是收入分配的均等程度。衡量一个社会福利水平的指数则应该考虑如何把收入水平和收入分配结合起来。

阿玛蒂亚·森以独特的视角研究贫困问题而荣获 1999 年诺贝尔经济学奖。该理论深刻分析了隐藏在贫困背后的生产方式的作用，以及贫困的实质。他认为："要理解普遍存在的贫困，频繁出现的饥饿或饥荒，我们不仅要关注所有权模式和交换权利，还要关注隐藏在它们背后的因素。这就要求我们认真思考生产方式、经济等级结构及其它们之间的相互关系"。他认为贫困的实质是能力的缺乏。它突破了传统流行的将贫困等同于低收入的狭隘界限，提出用能力和收入来衡量贫困的新思维，拓宽了对贫困理解的视野。阿玛蒂亚·森认为：①贫穷是基本能力的剥夺和机会的丧失，而不仅仅是低收入；②收入是获得能力的重要手段，能力的提高会使个人获得更多的收入；③良好的教育和健康的身体不仅能直接地提高生活质量，而且还能提高个人获得更多收入及摆脱贫困的能力；④提出用人们能够获得的生活和个人能够得到的自由来理解贫困和剥夺。一句话，阿玛蒂亚·森的贫困理论的落脚点在于通过重建个人能力来避免和消除贫困。水贫困理论的形成也是基于能力与权利缺乏的考虑。在某种程度上，水资源可持续性的实现，需要转化为有效的管理方法，使水资源系统以可持续的方式运作起来。水资源的可持续发展，不仅意味着资源系统、社会系统、经济系统和生态系统的无限延续，而且还意味着水资源利用产生的经济效益以及水资源的合理分配产生的水资源开发成本和效益都以一种可持续的方式运转。人们认识到，水资源的可持续性源于更大的经济效益回报，源于更好地实现社会福利目标或更好地保护生态环境系统。但是水资源短缺不利于维持生产系统与生活系统的正常运转。

对水资源的分配主要集中于农业部门、工业部门以及生活部门，这直接或间接地影响到这些部门的就业和收入分配。尤其对于农业部门来说，水资源短缺最严重的后果之一是导致土地生产力下降和农业成本增加（陆垂裕和孙青言，2014）。农民是生产经营方面有经验的管理者，他们能显著感知环境和气候变化对他们经济活动的影响。他们首要关心的是如何在气候灾害的影响下弥补他们的损失和提高作物的经济效率。因此，农民最关心的是如何通过提高作物产量，降低作物歉收的风险，来增加他们的收入。然而，在水资源短缺的情况下，农民通常被迫减少他们的种植面积，因此他们的收入也将会相应减少。值得注意的是，对农民来说，从现有水资源中获得的经济利益比水资源所导致的负面影响更重要。农民的主要目的是当他们面对水资源短缺的状况时，如何实现经济回报的最大化（Jaramillo and Destouni，2015）。总的来说，当农民面临水资源短缺危机时，他们没有经济能力来解决农业生产过程中面临的问题，这实际上陷入了一种恶性循环。事实上，水资源短缺和贫困之间一直以GDP作为纽带来维系两者间的关系，并通过GDP对粮食安全和经济/政治稳定持续产生影响。

这里，我们以西北地区各个省份的用水效率和水资源的经济效益为例，来说明水资源短缺与贫困之间的关系。我国西北地区的水资源短缺状况相当严重。该地区农业用水占据用水总量的70%以上。与此同时，西北地区农业水资源利用率只有40%～50%，而同期相比，发达国家可达70%～80%。西北地区万元GDP增加值用水量是发达国家平均水平的5倍以上，万元工业GDP

增加值用水量为发达国家的 5～10 倍（于法稳，2008）。与此同时，西北地区存在着较为严重的不合理的用水结构和浪费现象，并且由于管理落后该地区的水资源供需矛盾日益突出。通过 2000—2017 年西北地区工农业用水比例、万元工业 GDP 增加值用水量（工业用水效率）、万元农业 GDP 增加值用水量（农业用水效率）以及工农业 GDP 产值分别对工农业用水量的弹性四组数据可知（表 2-2）：①在要素价值上，农产品价值远远低于工业产品价值，水资源被过多投入到农业生产是缺乏理性的；②从经济效率上看，缺水所带来的工业生产损失至少是农业生产损失的 4 倍以上，在目前水资源极其稀缺的背景之下和 GDP 主要来源于工业产值的前提下，将水资源重点投入到工业领域是最经济性的行为。

表 2-2　西北地区工农业用水比例和工农业产出值对比表

年份	工业用水效率	农业用水效率	工业用水弹性	农业用水弹性
2000	300.46	1 630.54	0.034 523	0.013 247
2001	310.56	1 640.72	0.034 513	0.013 249
2002	332.37	1 702.37	0.034 576	0.013 257
2003	346.76	1 713.46	0.034 579	0.013 278
2004	355.87	1 714.66	0.035 568	0.013 280
2005	356.54	1 736.87	0.035 569	0.013 287
2006	365.43	1 769.65	0.035 578	0.013 290
2007	380.90	1 790.20	0.035 589	0.013 295
2008	400.56	1 875.65	0.035 593	0.013 297
2009	420.56	1 930.26	0.035 595	0.014 071
2010	430.67	1 956.87	0.036 214	0.014 074
2011	440.29	1 980.45	0.036 215	0.014 158
2012	470.38	2 010.65	0.036 236	0.014 167
2013	480.45	2 060.89	0.036 245	0.014 177
2014	487.44	2 078.98	0.036 247	0.014 189
2015	490.67	2 187.79	0.036 270	0.014 176
2016	500.37	2 347.98	0.036 243	0.014 147
2017	510.85	2 400.44	0.036 234	0.014 198

数据来源：西北地区历年水资源公报，各省统计年鉴。

三、生态环境评价理论

马克思主义认为，"人靠自然界生活"，人类善待自然，自然也会馈赠人类，但"如果说人靠科学和创造性天才征服了自然力，那么自然力也对人进行报复。"因此，人与自然是生命共同体，这一重要理念表明，山水林田湖草是一个生命共同体，人的命脉在田，田的命脉在水，水的命脉在山，山的命脉在土，土的命脉在林和草，这个生命共同体是人类生存发展的物质基础。生态是统一的自然系统，是相互依存、紧密联系的有机链条，人类是在同自然的互动中生产、生活、发展的。人类对大自然的伤害最终会伤及人类自身，不能只讲索取不讲投入、只讲发展不讲保护、只讲利用不讲修复，必须敬畏自然、尊重自然、顺应自然、保护自然。现代西方环境理论流派众多，对人与自然关系的解读观点纷杂。比如，人类中心论者强调人在生态文明建设中的主体地位，提出为了人类自身利益，人类应该保护大自然。但其理论大都过于强调人的利益，保护自然仅仅是服务于人的需要，未能从理论层面深刻揭示人与自然的内在有机联系。再如，自然中心论者试图从生态科学和系统科学等角度解释自然界不同物种之间的相互联系，但又片面强调自然生态系统中不同物种的平等权利，忽视了人在保护自然生态中的主体作用，甚至将人类社会发展与生态环境保护割裂开来、对立起来。

从生态环境学的角度来看，生态系统的健康运行比一个经济系统的生产力更重要。近年来，生产力发展导致生态环境系统的健康状况持续下降（张燕等，2009），因为自然资源没有以可持续的方式进行利用。工业生产过程中产生的废气废水、居民生活污水，加上农业过量使用化肥、杀虫剂等外部投入除草剂已经导致了严重的生态问题，西北地区边际化肥用量及边际产量变化率见表（2-3）。他们在促进经济快速增长的同时也导致了生态环境恶化严重，特别是地表水和地下水的污染，以及土壤生产力的下降。气候变暖，如温度和降水量的变化导致水资源量持续减少（Taylor et al.，2013），农民们面临着更大的生产与收入不确定性（Vorosmarty，2010；Wada and Bierkens，2014）。因此，就生态领域而言，水资源在维持农业方面发挥着重要的作用。因此，由于水资源短缺与污染而导致的土壤生产力下降是衡量环境维度的一个重要指标（Wada et al.，2014）。

表2-3　西北地区边际化肥施用量及边际产量变化率

年份	边际化肥施用量变化率	边际产量变化率
2000	0.034 6	−0.010 78
2001	0.034 7	0.008 75
2002	0.029 8	−0.009 73
2003	0.028 8	0.064 53

（续）

年份	边际化肥施用量变化率	边际产量变化率
2004	0.029 7	0.037 66
2005	0.028 6	0.007 19
2006	0.028 4	0.066 54
2007	0.029 7	0.021 73
2008	0.029 6	0.008 74
2009	0.028 7	0.056 38
2010	0.028 4	−0.038 76
2011	0.031 0	−0.053 69
2012	0.030 3	0.087 63
2013	0.297 5	0.046 79
2014	0.297 3	−0.008 76
2015	0.289 9	−0.023 76
2016	0.291 0	−0.007 50
2017	0.293 0	−0.052 54

提高水资源利用的核心就是提高用水效率与治理水污染，建成节水防污型社会（陈皓锐和高占义，2012）。水资源"短缺"不仅仅是因为水资源供应量不足，也因为水资源污染导致的无水可用。农业面源污染、流经农村的不达标工业废水和城市生活污水排放加剧了农村水体污染。根据我们对西北地区农业污染的测算，农村和中小城市承担工业废水污染强度均高于省会大城市的工业废水污染强度，相比之下，农村和中小城市进而拥有更少的可利用水源。同时，通过我们对边际化肥施用量的测算，最近五年的边际值变化并不大，这表明政府对于化肥农药的施用管控取得了一定的成果。然而，土壤的边际产量在最近几年却呈现一种下降的趋势。这表明了前期的农业污染产生了滞后效应，导致了现在土地肥力下降，农民收入减少。

四、城乡发展理论

城市和农村作为人类活动的重要空间，尤其在经济、社会、文化、环境等方面，既存在差异性又存在内在兼容性（Hidding and Teunissen，2002）。一方面，城市与农村在发展空间、生产要素、发展机会上相互竞争，导致了城乡间相互冲突，两者的冲突表现为城市与农村二元结构方面。城市是人口、要素、基础设施等高度集中之地，农村人口稀疏、要素分散、设施缺乏（武小龙，2018）。城市与农村两大集团主体存在着巨大的差异，特别是中国城乡二元制度结构阻碍着城乡生产要素的自由流动与合理配置。相较于农村，城市拥有更好的资本、技术、教育、就业、医疗卫生、社会保障等社会福利与公共服务，若此时城乡之间的要素和产业自由流动，城乡发展会存在明显失衡（刘守英等，2018；刘守英和王一鸣，2018）；另一方面，农村为城市的发展提供了支持，城市的发展为农村的发展提供了条件，形成了城乡间相互合作，两者在要素、生活方式、制度、信息等方面高度耦合；城市与农村之间的地域界限日益模糊，城市里有大量农村人口活动并体现出一定的农村社会文化特征，农村里也有越来越多的城市生产活动且越来越受到城市生活方式的影响，城乡间的差异逐渐缩小（何仁伟，2018）。从共生的角度看，城乡融合并不是要求城市和农村绝对的统一，不排斥城乡差异性，而是更多地强调城乡发展的整体性、互补性。在城乡共同发展的前提下，城市与农村两大地域子系统在空间上界限逐渐模糊，经济发展差距逐渐缩小，社会发展成果逐渐均等，生态环境差异逐渐消失，从而最大限度地缩小现存的城乡差别，实现城乡合作大于城乡冲突，建立城乡融合的共生模式（武小龙，2018）。

我国"三农"问题之所以长期存在，一个重要的原因即为城乡二元结构制度所引发的资本、土地、劳动力等生产要素只能由农村向城市"单向流动"，结果导致乡村生产要素严重缺乏和发展能力持续下降，农村传统农业与城市现代工业生产效率之间存在巨大差异，城乡间生产力发展严重失衡（费利群和滕翠华，2010）。当把城市和农村两个异质空间视为一个共生系统时，各中心城市、中小城镇、农村便成了共生单元，它们之间相互依存，互换物质、信息、能量等，实现共生发展。人因自然而生，人与自然是生命共同体，生态环境没有替代品，用之不觉，失之难存，因此城乡融合中的环境问题不容忽视。对于城乡的共生系统而言，城乡高度融合且互补的生态环境为城乡间资本、土地、劳动力、信息技术等生产要素双向自由流动和产业可持续融合发展提供良好的共生环境，进而加快城乡融合发展。在一定程度上，城乡生态环境的保护力度与经济社会的发展程度呈高度正相关，且对城乡融合的质量起保障作用（许彩玲和李建建，2019）。因此，在资源与环境承载力对城乡经济发展的约束之下，城乡生态环境的高度互补与协同全面治理，将会为城乡共生提供有力的环境保障。城市与乡村公共文化的融合是城乡融合的灵魂所在和城乡社会得以赓续绵延的文化内核，为城乡产业协同发展、城乡生态绿色发展提供精神动力。中国几千年积淀下来的优秀文化和风俗习惯为城乡融合发展提供了深厚土壤和丰厚滋养，对蕴含着悠久城乡文化的古迹建筑进行保护以及对城乡传统习俗文化进行继承并发扬等均会让乡风文明悄然浸润在城乡公共文化中（刘守英和王一鸣，2018）。

近年来，伴随着城镇化及工业化进程的加快，大量农村人口向城镇转移。农村空心化、农户空巢化、农民老龄化的趋势迫使农村的社会结构、人口结构及规模均发生了重大变化，由此而引发的城乡社会矛盾层出不穷（McGee，2008）。城乡治，则百姓安。农村基础设施和公共服务是我国农村地区经济发展的障碍，也是实现城乡融合发展的短板之处。水、电、路、气等城乡基础设施建设的完善以及城乡交通网、信息网等硬介质界面的优化，可以有效解决城乡发展不平衡不充分问题，使城乡之间的联系更加现实可靠，为城乡间生产要素双向自由流动和产业融合发展提供了市场环境，从而有力推动城乡融合发展（金成武，2019）。人民群众的满足感与幸福感是一种心理体验，是一个人对自身所获的物质和精神产品、所处的生存环境、所需的发展空间的满意度。城乡共生下的生活富裕，就是要同等重视城乡，同步建设城乡，使城乡居民都能居有所住、老有所养、病有所医、子有所教，没有沉重的生活压力，共同享受幸福生活。因此，城乡融合的最终目标还须落到城乡居民的"共富"层面上。其中，收入融合具体表现在城乡居民人均可支配收入绝对差额减少以及农业生产部门人员和工业生产部门人员的劳动报酬差异缩小等；消费融合具体表现在城乡居民消费水平和消费结构性差异缩小等。城乡居民收入消费水平的融合，将会有效缩小城乡间的发展差距，使得城乡居民获得感和满足感不断提升（姚毓春和梁梦宇，2019）。

城乡之间的要素流动往往表现在资本、劳动力、土地以及技术等要素在城市和农村之间的自由流动。以水资源为例，水资源在城乡间的流动不仅仅是水资源量的增加或者减少，也会导致水质、取水、供水等外部环境的变化（李玉恒和刘彦随，2013；姜磊和季民河，2011）。城市作为国家或者地区的中心区域，在就业、教育、卫生、医疗、交通等方面具有独特的发展优势。这种优势对于农村的要素流动具有自发的吸引力，这对于城市的发展具有重要的促进作用。然而，事物往往具有两面性。农村的要素促进了城市进一步发展，也承接了城市扩张过程中的资源与环境压力（陆大道，2000）。在大多数地区，"城市中心、城市优先"的战略使得水资源从农村向城市流动，保障了城市的生产与生活的同时，也加剧了城市的资源短缺与环境污染（叶敬忠，2019；杨荣南，1997）。而现代的科学技术与发达便利的交通使得城市更容易向农村转移这种资源压力与环境压力（李玉恒和刘彦随，2013）。因此，城乡在水资源的配置、建设、投资以及管理等方面会逐渐处于一种失衡的发展趋势。实现区域城乡之间的均衡发展的前提是要处理好不同区域城乡之间的利益矛盾。特别是在水资源的配置、建设、投资以及管理上，应保证城乡水资源公平合理地发展，进而做到全民共享发展成果（吴丽丽，2014）。

城乡发展理论是将城乡看作一个大系统，在这个大系统下面，分为城市和农村两个子系统。子系统是由不同要素构成的一个相互联系的有机体，要素具备的特性合成了系统特有的功能（李勇和王金南，2006）。城市和农村两个系统本身处于各自不平衡的运行轨迹。然而，受地理、经济及政策等外部环境的影响，这两个系统实际上又处于一个开放的不断交流的循环往来之中，不断地进行着能量交换。当这种能量达到一个临界值时，两个系统就会在时间上或者空间上处于一种均衡或者不均衡的状态。城乡发展理论就是在城乡二元的背景下提出的，为城市和农村从"分割"到"融合"提供理论依据。城乡系统是不断变化运动的，当两者处于一种无序的失衡状态时，政策等外部环境的介入，有可能使二者处于一种有序的均衡状态，进而实现了城乡均衡发展（尹少华和冷志明，2008；苗长虹和张建伟，2012）。基于此，我们应制定合理的对策以有效地应对城乡水资源发展失衡状况的出现，这对维持社会稳定具有积极影响（魏淑艳和邵玉英，2012）。同时，城乡水资源发展失衡问题的妥善结局，也有利于缩小城乡差距，缓解城乡发展之间的矛盾。因此，深入研究城乡水资源协调发展问题，有利于我国经济平稳发展，社会和谐稳定。

第四节　总体研究框架

前述分析表明，水贫困理论建立了水资源短缺和贫困之间的关系，可以更全面更系统的反映水资源的发展状况。实现中国城乡水资源的协调发展是各级政府所追求的重要目标，将城乡分割与水贫困理论相结合，有助于完善城乡水资源之间利益分配，有助于解决城乡水资源系统之间的扭曲关系，从而为水资源管理政策的制定提供参考。然而，设计切实可行的水资源管理政策仍需要回答以下几个问题：

（1）特定研究区域的城市水资源的发展状况是怎样的？农村水资源发展的状况是怎样的？未来发展趋势是什么？他们的主要影响因素是什么？尽管我国针对当地的实际情况已经出台了一些政策并取得了可供参考的成功案例，但是对于不同区域水资源状况的改善依然缺乏经验，且缺少对于水资源系统驱动机理的解读与分析。明确以上问题将有助于未来政策及时调整方向及目标。

（2）城市水资源和农村水资源之间关系是怎样的？在城乡水资源不同的关系中，城市和农村谁占主导地位？对于水资源短缺的评价与研究主要集中于农村地区，而忽略了城市对于农村的"用水挤占"情况。将城市水资源与农村水资源割裂研究，有可能会导致政策制定的无效性，进而不利于西北地区水资源短缺的改善。

（3）城乡水资源之间的失衡达到何种程度？未来五年发展趋势是怎样的？区域与区域之间在空间上呈现怎样的布局？

（4）设计怎样的政策才能最大限度地使得西北地区城乡水资源均衡发展？

基于上述4个问题，本书制定了以下6个研究内容，具体如下（图2-3）：

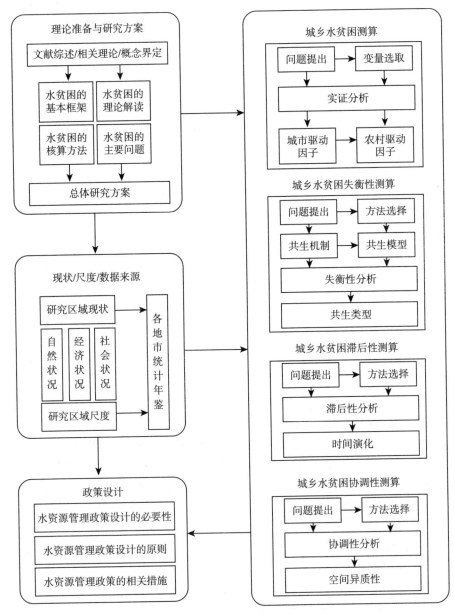

图2-3 总体研究框架图

内容一：理论基础总结与研究框架设计，对应本书第一章、第二章的内容。该部分主要包括以下内容：一是，在梳理与总结现有研究文献的基础上，从水资源配置理论、贫困经济学理论、生态环境评价理论以及城乡发展理论出发，分析了水贫困的理论框架以及对它主要关注的问题进行解读，进而运用概念分析法对本书研究中涉及的"水资源短缺与贫困之间的关系""水贫困概念"进行探讨；二是，结合上述分析，明确了水贫困理论中资源、设施、能力、使用、环境等五个维度，构建适合西北地区水资源状况的水贫困指数的基本框架，并进一步分析水贫困理论的作用机理，在城乡分割的视角之下确定水贫困评价的总体研究思路；三是，在将水贫困与城乡失衡纳入统一框架的基础上，确定接下来本书要分析的主要问题（如"城乡水资源发展的失衡关系是什么""为什么会产生这种失衡情况""面对这种失衡发展应该怎么办"等），进而设计更具针对性的总体研究框架。

内容二：西北地区的自然与社会经济状况分析以及在此基础上确定的研究尺度，对应本书的第三章。该部分主要包括以下内容：一是，运用归纳总结法探析我国西北地区城乡水资源的发展状况与社会经济条件；二是，明确西北地区城乡水资源评价的研究尺度与数据来源，从而明确后续城乡水资源的进一步研究。

内容三：西北地区城市水资源和农村水资源发展状况的分析，主要是回答"城乡水资源发展程度"这一个问题，对应本书的第四章。该部分主要包括以下内容：一是，通过对国家、省份以及西北地区各地市的统计年鉴、中央及地方的水资源公报、水利文件的搜集，整理出水贫困五个维度的相关数据；二是，基于城乡分割的视角分析开展水贫困研究的必要性，探讨西北地区城乡水资源系统的发展情况，并在此基础上提出相应的研究结论；三是，运用 LSE 模型实证检验了城市水贫困及农村水贫困的影响因素，为下文的开展做铺垫。

内容四：城乡水资源系统发展失衡的实证依据，主要是回答"城乡水资源谁占主导地位"与"城乡水资源系统时空上的演变与分布"这两个问题，对应本书的第五章、第六章、第七章。该部分主要包括：一是，主要是回答"城乡水资源之间的相互影响程度"这一问题。在前文城市水贫困值与农村水贫困值的基础上识别城乡水资源系统之间的关系；二是，运用脱钩模型进行计算，确定城乡之间的主导地位。主要是回答城乡水资源系统失衡性的"未来发展趋势"这一问题。在城乡水资源失衡性的基础上，结合动态的时间演化模型，预测城乡水资源系统失衡性在未来五年的发展趋势。三是，回答城乡水资源失衡程度的"空间布局情况"这一问题。首先，在量化城乡水资源系统失衡性的基础上，基于区域经济学相关理论确定区域之间的联系；进而，结合 ESDA 空间计量模型检验城乡水资源系统的空间相关性，并借助适当的形象化处理

（Arcgis 软件）使之在地图上更加直观地反映出来；进一步，通过对相关结果进行分析，以确定城乡水资源发展失衡性在地域上的影响因素。

内容五：设计科学合理的水资源管理政策，对应本书的第八章内容。该部分主要包括以下内容：一是，结合西北地区城市水贫困和农村水贫困的实际情况，探讨了水资源管理政策的设计必要性；二是，提出水资源管理政策的设计原则；三是，结合理论分析与实证分析的研究结果，围绕水资源可持续发展的目标，从宏观与微观的角度提出具体可行的政策优化建议。

第五节　本章小结

本章研究主要从水贫困的概念、理论框架、主要问题、理论基础以及总体研究框架等方面展开，包含的具体内容如下：第一，梳理了水资源短缺和贫困两者之间的关系，界定了本研究的核心关键词"水贫困"的概念，并在此基础上进一步解释了开展城乡水资源失衡研究的必要性；第二，基于上述的概念分析，提出了水贫困理论的基本框架，阐述了水贫困指数的作用机理，明确了水贫困指数的核算方法，以及开展城乡水资源失衡研究的总体思路；第三，在上述分析的基础上，对水资源评价理论、贫困经济学理论、生态环境评价理论以及城乡发展理论进行梳理，对水贫困理论的起源和发展进行了系统分析，对城乡水资源发展失衡的理论背景进行了拓展性的探讨，从而为后续研究打下了深厚的理论基础；第四，基于上述概念与理论分析，明确了本书的研究框架，并有针对性地提出了具体的研究内容，同时对可能采用的研究方法进行阐述。

>>> 第三章 研究区域概况及数据来源

第一节 研究区域的界定

中国西北地区，简称西北，与东北地区、华北地区、华东地区、华中地区、华南地区、西南地区共同构成了中国七大自然地理分区。根据地理区域划分，西北地区总面积为 308 万平方千米，所属省份涉及陕西省、宁夏回族自治区、新疆维吾尔自治区、青海省、甘肃省五个省份及自治区。其中陕西省包括西安市、铜川市、宝鸡市、咸阳市、渭南市、延安市、汉中市、榆林市、安康市、商洛市；甘肃省包括兰州市、嘉峪关市、金昌市、白银市、天水市、武威市、张掖市、平凉市、酒泉市、庆阳市、定西市、陇南市、临夏州、甘南州；青海省包括西宁市、海东市、海北州、黄南州、海南州、果洛州、玉树州、海西州；宁夏回族自治区包括银川市、石嘴山市、吴忠市、固原市及中卫市；新疆维吾尔自治区包括乌鲁木齐市、克拉玛依市、昌吉回族自治州、伊犁哈萨克自治州、石河子市、吐鲁番市、哈密市、塔城地区、阿勒泰地区、博尔塔拉蒙古自治州、巴音郭楞蒙古自治州、阿克苏地区、克孜勒苏柯尔克孜自治州、喀什地区、和田地区。

第二节 研究区域的概况

一、自然状况

西北地区位于亚欧大陆腹地，深居中国西北部内陆，与蒙古、哈萨克斯坦、塔吉克斯坦、吉尔吉斯斯坦以及俄罗斯接壤，具有地广人稀、地形悬殊、气候干旱、降雨稀少以及生态脆弱等自然特点（常远等，2015）。

西北地区幅员辽阔，其中陕西省面积约为 21 万平方千米，新疆维吾尔自治区面积约为 166 万平方千米，宁夏回族自治区面积为 7 万平方千米，青海省面积约为 72 万平方千米，甘肃省面积 45 万平方千米，占全国陆地总面积的 32.4%。西北地区大概有 45 亿亩土地，其中耕地面积仅有 1.8 亿亩，仅占土地总面积的 4％左右；草地面积约 17 亿亩，占土地总面积的 38％，林地面积约为 2.7 亿亩，其中深林面积 1.3 亿亩，森林覆盖率仅为 3％左右（张慧和王洋，2017）。人口约为 9 514 万，仅占全国总人口的 7.2％。

西北地区矿产资源丰富。现有已探明矿产资源达 130 余种，其中约有 30 种的储量居全国首位，约 60 种居全国前五位。尤其是石油和煤炭在全球占据重要地位，已探明的油田储量达 5.1 亿吨，煤炭储量达 3 009 亿吨，为西北地区的开发提供了优越的自然基础。

由于受高山阻挡，气候干燥少雨，植被稀疏，沙漠广布。西北地区多为内流湖和内流河，且数量较少（王绍武和董光荣，2002）。湖泊主要有以下几个：新疆维吾尔自治区的乌伦古湖、阿克赛钦湖、艾丁湖、博斯腾湖、艾比湖、赛里木湖，青海省的青海湖、察尔汗盐湖、托素湖、鄂陵湖、扎陵湖等；河流主要有以下几个：塔里木河、额尔齐斯河、渭、泾河以及黄河等。2019 年，流经西北地区的地表水资源量大约为 2 396.9 亿立方米，其拥有量仅仅是全国地表总量的 8.6％。地下水资源量约为 1 237 亿立方米，仅占全国地下水资源量的 15.1％（表 3-1）。同时，也正是得益于高原冰川地形，新疆维吾尔自治区的部分地区的冰川固体形成了"天然水库"，为周边地区提供了丰富的河流补给，也为干旱区提供了高贵的冰川水源（董新光和邓铭江，2005）。

表 3-1 西北地区水土资源情况

项目	单位	陕西	甘肃	青海	宁夏	新疆	总计
耕地面积	千公顷	3 982.9	5 377	590.1	1 289.9	5 239.6	16 479.5
林地面积	千公顷	1 228.47	1 042.65	808.04	180.1	1 099.71	4 358.97
草地面积	千公顷	5 206.2	17 904.2	36 369.7	3 014.1	57 258.8	119 753
湿地面积	千公顷	308.5	1 693.9	8 143.6	207.2	3 948.2	14 301.4
水资源总量	亿立方米	449.1	238.9	785.7	10.8	1 018.6	2 503.1
地表水资源量	亿立方米	422.6	231.8	764.3	8.7	969.5	2 396.9
地下水资源量	亿立方米	141.6	133.4	355.7	19.3	587	1 237
重复计算量	亿立方米	115.1	126.3	334.3	17.2	537.9	1 130.8

西北地区地形地貌起伏不定，以山地荒漠、戈壁盆地和高原冰川为主。既有世界第二高峰乔戈里峰，又有世界第二低地吐鲁番盆地，同时还是长江、黄河的发源地。其中，柴达木盆地、塔里木盆地、准噶尔盆地、吐鲁番盆地、阿尔泰山、天山、昆仑山、阿尔金山、塔克拉玛干沙漠、青藏高原等荒漠、盆地区域主要集中于新疆维吾尔自治区及青海省；而高原与平原，比如宁夏平原、河套平原、河西平原以及黄土高原等则主要分布在宁夏回族自治区、甘肃省以

及陕西省（王忠静等，2002）。受人类活动的影响，西北地区的自然植被从东向西逐渐减少，依次为草原、荒漠草原、荒漠、石质戈壁、沙丘内流河、内陆湖、绿洲。

西北地区地处内陆腹地，高原冰川以及山地荒漠等自然地貌阻挡了来自南亚大陆的湿润气流，使得西北地区产生了干旱、缺雨的自然气象，以至于形成了辽阔沙漠及戈壁滩等自然地貌（张焕波和周京，2013）。在气候类型方面，西北地区多数属温带大陆性气候，因而表现出夏季炎热缺雨，冬季严寒干燥，年温差较大的气象特点，并且呈现出东高西低的演变趋势。西北地区的年均降水量不足全国平均水平的一半。除秦岭地区的降水量为 700 毫米以外，整个区域的平均降水量不足 500 毫米，由东向西逐渐递减，其中黄土高原的降水量约为 400 毫米，柴达木盆地的降水量约 150 毫米，河西走廊的降水量约为 100 毫米，敦煌的降水量约为 30 毫米，吐鲁番的降水量不足 20 毫米，若羌地区的降水量约为 10 毫米，几乎全年无雨，是地球同纬度下最干旱的地区。

二、社会经济状况

陕西省，中华人民共和国 31 个省（自治区、直辖市）级行政区划之一[①]，下辖 10 个地级市，省会城市为西安市。陕西省作为重要的枢纽连接着中国的东、中、西部。地理区位介于 105°29′E～111°15′E，31°42′N～39°35′N，横跨黄河和长江两大流域中部。截至 2018 年末，陕西省全省常住人口为 3 864.4 万人，地区生产总值达 24 438.32 亿元。陕西省建成水库 1 101 座，水库总库容量达 94.3 亿立方米，除涝面积 133.2 千公顷，治理水土流失面积达 7 765 千公顷。实际灌溉面积 1 028.2 千公顷。粮食总产量 1 194.2 万吨。

甘肃省，中华人民共和国 31 个省（自治区、直辖市）级行政区划之一，下辖 14 个地级市，省会为兰州市。甘肃省介于西北五省中心位置，连接着黄土高原、青藏高原以及内蒙古高原。地理区位介于 32°31′N～42°57′N，92°13′E～108°46′E，东西蜿蜒 1 600 多千米。截至 2018 年底，全省常住人口 2 637.26万人，地区生产总值为 7 459.9 亿元，建成水库 383 座，水库总库容量达 103.4 亿立方米，除涝面积 14.1 千公顷，治理水土流失面积达 8 580.5 千公顷。实际灌溉面积 1 174.8 千公顷。粮食总产量 1 105.9 万吨。

青海省，中华人民共和国 31 个省（自治区、直辖市）级行政区划之一，下辖 8 个地级市，省会城市为西宁市。青海省地处青藏高原的东北部，是青藏高原上的主要省份之一。地理区位介于 89°35′E～103°04′E，31°9′N～39°19′N，东西长约 1 200 千米，南北宽 800 千米。截至 2017 年底，全省常住

---

① 不含港澳台地区，下同。

人口 598 万人，地区生产总值为 2 624.83 亿元，建成水库 206 座，水库总库容量 316.5 亿立方米，除涝面积 0.8 千公顷，治理水土流失面积达 1 134.1 千公顷。实际灌溉面积 181 千公顷。粮食总产量 1 194.2 万吨。

宁夏回族自治区，中华人民共和国 31 个省（自治区、直辖市）级行政区划之一，下辖 5 个地级市，首府城市为银川市。宁夏回族自治区地处黄河上游，地理区位介于 104°17′E～107°39′E 和 35°14′N～39°23′N，南北相距约 456 千米，东西相距约 250 千米。宁夏回族自治区是全国最大的回族聚居区。截至 2018 年末，宁夏回族自治区常住人口 688.11 万人，地区生产总值为 3 705.18 亿元，建成水库 322 座，水库总库容量达 27.8 亿立方米，除涝面积 0 千公顷，治理水土流失面积达 2 214.8 千公顷。实际灌溉面积 491.3 千公顷。粮食总产量 370.1 万吨。

新疆维吾尔自治区，中华人民共和国 31 个省（自治区、直辖市）级行政区划之一，下辖 15 个地级市，首府城市为乌鲁木齐市。新疆维吾尔自治区地处亚欧大陆腹地，地理区位介于 73°40′E～96°18′E，34°25′N～48°10′N，陆地边境线 5 600 多千米。截至 2018 年末，新疆维吾尔自治区常住人口 2 486.76 万人，地区生产总值 10 881.96 亿元，建成水库 683 座，水库总库容量达 204.7 亿立方米，除涝面积 21.7 千公顷，治理水土流失面积达 1 420.2 千公顷。实际灌溉面积 4 828.1 千公顷。粮食总产量 1 484.7 万吨。

第三节 研究尺度与数据来源

已有学者分别从宏观、微观等不同视角对水贫困评价开展了深入的研究，在宏观视角方面的研究主要考虑到国家及省级行政单位的统计数据获取较为全面且完整，所以已有研究大都以省级行政单位为样本单元来开展。同时，省级行政单位作为重要的政策制定者，对研究结果具有较强的指导意义。但是这种选择具有一定的缺陷，就是研究区域的覆盖面比较广，只能在整体上给予一个参考。而由于我国县级大部分统计年鉴的相关统计数据尚不完善，对于水资源量、降水量等自然资源数据缺乏完整的统计，因而从县级层面开展评价研究可能存在数据缺失的问题，相关数据的缺失与不完整会使政策缺乏实际指导意义。另一种是微观视角，主要以家庭为样本单位，这种选择的最大优点在于对地方实际情况的研究具有准确的把握，样本量较大。然而数据获取性较差，需要投入巨大的人力财力。综上所述，本研究以地市尺度为研究视角，基于西北地区 52 个地市探讨西北地区城乡水资源系统的失衡关系，市域介于省域与县域评价之间，具有较大的样本量，统计数据相对完整，数据获取性较高，研究区域相较于省级也更精确。同时，市域作为重要的政策和决策制定的行政单位之一，将其作为样本单元来开展研究可以较好地分析自然资源和社会经济水平在空间上的异质性及集聚效应。

本书研究所需要的数据主要来源于《中国环境统计年鉴》（2001—2018年）、《陕西统计年鉴》（2001—2018年）、《甘肃统计年鉴》（2001—2018年）、《青海统计年鉴》（2001—2018年）、《宁夏统计年鉴》（2001—2018年）、《新疆统计年鉴》（2001—2018年）、《陕西水资源统计公报》（2001—2018年）、《甘肃水资源统计公报》（2001—2018年）、《青海水资源统计公报》（2001—2018年）、《宁夏水资源统计公报》（2001—2018年）、《新疆水资源统计公报》（2001—2018年）、《中国水资源公报》（2001—2018年）。缺失的数据由相邻地区加权平均值或不同时期的拟合预测值代替。

第四节　本章小结

水资源之所以被视为增加收入的关键因素，主要是因为它提高了农业和工业的生产力。同时，水资源短缺对人类的健康福祉有重大影响。自然状况和社会经济状况作为水资源可持续发展的重要组成部分，直接关系到水资源评价的准确与否。水资源可持续性的评价维度，没有固定的可用指标。任何对水资源的评估必须仔细研究各种影响水资源状况的因素。本书认为，对研究区域发展状况的准确把握是实现水资源可持续评价的重要前提。本章首先界定了研究区域的具体范围；其次对研究区域的自然状况和社会经济状况进行了描述分析；再次基于研究区域概况，设定评价指标体系；最后我们明确了研究尺度和数据来源。

水贫困指数作为一个综合的评价体系，可以用来理解水资源的可持续发展趋势，是水资源管理的一个建设性工具。WPI 作为一个新的水资源评价指数被引入，包括五个维度：资源、设施、能力、使用和环境，为决策者和水资源管理者提供实用的工具来监测水资源的发展状况是非常重要的。通过水贫困指数的框架将水资源管理和社会经济发展的可持续性分析联系起来，可以很好地解释水资源是如何发挥重要作用来实现社会经济的可持续发展，进而帮助决策者制定政策。按照水贫困理论的概念，在未加干预的前提下，水资源短缺是一个逐渐恶化的过程。以西北地区为例，在早期由于使用内部要素投入和自给自足农业体制，水资源没有被过度开发与使用，尽管水利用效率低，但实际上城乡用水矛盾较小，水资源的发展本质上可以被称为是可持续性的。随着农村的人口迅速向城市转移，经济快速发展，大量的外部投入要素和水资源被过度开发，城乡水资源矛盾开始激化，在水资源管理方面经历了越来越不可持续的局面（米红和周伟，2010）。在目前气候干旱、生态破坏和水资源有限的背景下，只能改善与用水能力相关的领域，这其实是未来的水资源可持续发展的核心问题所在。全面掌握西北地区的水资源发展状况是水资源管理政策制定的重要依据，也是实现水资源可持续发展的重要前提。本章研究的主要目的在于，量化西北地区城市水资源和农村水资源的发展状况，从而为进一步的城乡水资源的失衡程度测算提供全面的参考依据，主要内容包括：①借助 WPI 模型，量化西北地区城市水资源和农村水资源的发展状况；②运用 LSE 模型，识别出影响城市水资源和农村水资源的主要驱动因素。

第一节 问题的提出

水资源已经成为一个越来越重要的影响社会发展和经济增长的因素，特别是在干旱地区和半干旱地区。全世界对水资源量的需求都在持续增加，水资源短缺程度的进一步加深意味着水资源开发和利用的选择变得极为有限（孙才志等，2010）。农业部门和工业部门共同构成了世界上用水最多的部门，生产力的大幅度提高主要取决于自然资源基础和社会经济能力（施雅风和曲耀光，1992）。然而，水资源的稀缺性、可用水资源的滥用、水质的急剧下降和退化以及水资源管理不当导致了水资源系统的问题频发（Gulati et al.，2013）。

在水资源评价的相关研究中，由于水贫困指数的核算具有可操作性、简易性等优势，使得其在区域评价水资源短缺程度时得到了广泛应用，但是应用到具体评价中可能会出现以下的问题：一是，一些区域获得安全饮用水的情况明显好转，水资源短缺还会出现吗？可持续的定义是在既不减少当代人可用的水资源又不减少后代可用的水资源的情况下，在可预见的时期内保持水资源持续发展的能力（韦润芳，2014）。可持续的水资源发展必须具有经济可行性、生态合理性和社会适应性（Jalilov et al.，2015）。"生态合理性"是指保持和改善自然环境的发展状态；"经济可行性"是指维持作物的产量和社会生产力；"社会适应性"是指要提升社会经济的发展能力。换句话说，水资源的可持续发展不可能压缩成一个单一的维度，需要制定监测一系列维度的指标。本章的目的是通过建立水贫困指数（WPI）对水资源进行评价，进而实现水资源发展的可持续性。二是，考虑到水资源问题的复杂性，使用复合指数时，应该如何观察到隐藏在框架后面的驱动因素？通过单独观察这些指标可以很好地了解水资源的发展状况；当合并到一个具体的值时，无法捕捉的信息可能多于获得的信息（Jemmali and Matoussi，2013）。通过使用 WPI 方法，我们看到了森林的形状，却看不到组成森林的树木。WPI 的有用性不仅仅在于它的最终价值，还包括指标本身描绘了一幅独特的多彩图景，可通过快速扫描诊断出社会贫困、水资源可用性、用水能力和获得安全清洁水的途径之间的联系。因此，在本章中，我们建议不仅仅关注最终值，还应该关注计算最终值的整个过程。这样我们不仅可以看到单独的树木，也能看到这些树木是如何在相互作用中形成森林的。

全面可靠的评估水资源发展状况，能够为政策制定者提供全面可靠的价值信息和判断标准，是制定水资源管理政策的重要依据（郭丽君，2011）。作为水资源评价工具，WPI 通过跨学科集合了与水资源有关的关键问题。WPI 旨在提供一个透明和实用的工具，包括用水利益相关者、决策者、水资源管理者等在内的可以从整体上对不同地区的水资源系统情况进行评估。这个指数将允许在村落、社区或区域之间进行比较，以便做出与水资源有关政策的决定。因此，它将使决策者能够优先考虑水资源管理部门的行动，更好地管理水资源和执行更多的有效的水资源政策。基于此，本章研究不仅要测算西北地区城市水资源和农村水资源的发展状况，还要通过构建最小方差法（LSE）来识别影响西北地区城市水资源和农村水资源的驱动因素，进而为水资源管理政策的制定提供更为全面的参考依据。

第二节　模型构建

一、WPI 模型

WPI 是跨学科的一种结构框架内的管理工具，能够通过查明贫困、社会适应性、健康、环境完整和水资源供应之间的关系来使水资源短缺区域变得更加明确，使决策者能够制定合理的政策来处理这些地区所面临的水资源问题（谭秀娟和郑钦玉，2009）。制定 WPI 是为了量化水资源短缺与贫困之间的联系，并从自然角度和社会经济角度真实地反映出一个地区的水资源发展状况。它以五个组成部分为基础：资源、设施、能力、使用和环境。资源维度记录了国家或社区可以抽取的地表水和地下水的实际可用情况；设施反映了人类获得安全、卫生的清洁水资源的便利程度；能力显示了人类在获取、购买以及管理水资源方面所具备的能力；使用反映了水资源在家庭、工业和农业以及生态方面的分配情况；环境衡量了水资源对环境的反馈影响（Shah and van Koppen，2006）。这一指数使有关国家和国际组织能够监测到影响水资源系发展的重要因素，并能够在更广泛的程度上关注与水资源短缺有关的内容，即千年发展目标中减少饥饿、加强粮食安全和改善健康等目标。水贫困指数的目的是结合水资源本身的稀缺性和面临的压力，同时综合考虑反映社会贫困的经济变量的可用性，进而对水资源系统做出全面的评估（Taniguchi et al.，2017）。WPI 的数学表达式为：

$$W = w_r \times Resource + w_a \times Access + w_c \times Capacity + w_u \times Use + w_e \times Environment \qquad (4-1)$$

式中，W 是特定区域的水贫困值，w_i 指权重，$Resource$，$Access$，$Capacity$，Use，$Environment$ 分别表示资源维度、设施维度、能力维度、使用维度和环境维度的指标经过数据标准化后的加权得分；W 数值越低，表明水贫困的程度越高，水资源短缺的现象就越严重。

二、LSE 模型

最小方差法（LSE），最初由美国地理学家韦弗提出，也称为韦弗组合指数。韦弗最开始将最小方差法运用于农业分区中，用来评价研究区域的土地结构类型（刘艳华和徐勇，2015）。最小方差法的思路是：基于数据方差的特征（即当一组数据的样本量增加时，方差会趋向于一种先增后减的演化趋势），理论值与实际值之间的差为最小时即为该地区的方差值，该方差值对应的地区情况即可判定为地区样本的实际状况（张耀光，1986）。本研究通过最小方差法对西北地区水贫困评价结果进行分解，并探究其主要驱动因素，进而得到了水资源影响因子的驱动类型。

依据最小方差法的计算过程：要确定研究区域的水贫困指数的五个维度得分在多大比例上才可以被称为影响水资源发展的主要驱动因素，首先要确立一个理论标准。我们借鉴了韦弗对于农业分区中土地结构类型的判定方法，将水贫困驱动类型划分为单因素驱动类型、双因素驱动类型、三因素驱动类型、四因素驱动类型以及五因素驱动类型。单因素驱动类型的最理想标准是只有一个维度得分占水贫困总得分的 100%，其他四个维度得分占水贫困总得分的 0%；双因素驱动类型的最理想标准是只有两个维度得分占水贫困总得分的 50%，其他三个维度得分占水贫困总得分的 0%；三因素驱动类型的最理想标准是只有三个维度得分占水贫困总得分的 33.3%，其他两个维度得分占水贫困总得分的 0%；四因素驱动类型的最理想标准是有四个维度得分占水贫困总得分的 25%，其余一个维度得分占水贫困总得分的 0%；五因素驱动类型的最理想标准是只有五个维度得分占水贫困总得分的 20%（杨羽頔和孙才志，2014）。从实际情况来说，水贫困指数的五个维度得分比例很难会刚好占据了 100%、50%、33.3%、25%、20%，它的构成并不符合上述五个划分标准。最小方差法很好地解决了这个问题，它将实际得分（几因素驱动类型即取前几个最高的因素得分占比）与理想得分相比较，运用公式（4-2）计算得出的方差最小值即可判定为是单因素驱动类型、双因素驱动类型、三因素驱动类型、四因素驱动类型以及五因素驱动类型中的一种。根据韦弗指数的判定标准，首先，求出研究区域的水贫困五个维度得分占水贫困总得分的比例，并按各比例的大小顺序进行排列，该比例即为实际分布；其次，将实际分布与我们确定的理论分布带入公式（4-2），逐一求出从单驱动因素到五驱动因素时的方差，当维度的方差数最小时即是西北地区的水贫困驱动类型。LSE 的数学表达式为：

$$\sigma = \frac{1}{n}\sum_{i=1}^{n}(x_i - \overline{x})^2, \overline{x} = \frac{1}{n}\sum_{i=1}^{n}x_i \qquad (4-2)$$

式中，σ 表示由计算所得出的方差最小值，x_i 表示水贫困的五个维度的得分，$\overline{x}$ 表示得分的平均值，n 表示水贫困的样本总数。

三、变权重模型

权重指的是某一变量在评价体系中的相对重要性。在合成指数的评价中，为了定量评价各因子变量对集合系统的贡献度大小，本书引入了权重的概念。权重方法选择的合理与否，直接影响到最终结果的准确性。权重的确定方法有很多种，常用的有主观经验法、德尔菲法、熵值法、主次指标排队分类法等，但以上方法都存在或多或少的主观性和客观性，也是实际应用中不可避免的问题之一（刘家学，1998）。已有学者为了能更客观反映实际情况，通过采用更细致的调查研究工作来降低以上问题所带来的结论误差，综合考虑，得到结果可信度较高的赋权方法（Wenxin et al.，2019）。基于此，本书将等权和变权相结合来确定权重：

第一，按等权考虑。在水贫困指数的五个维度计算时，采取 $w_1 = w_2 = w_3 = w_4 = w_5 = 0.2$，即认为水资源系统的资源维度、设施维度、能力维度、使用维度以及环境维度的重要性都是相同的，同理，维度下面的各个变量的重要性同样也是相等的。这是目前水贫困指数进行计算时最常用的一种赋权方法，即所有的维度以及变量都具有相同的重要性，也是专家学者将水资源短缺与社会适应性能力同等重要的一种看法，这一赋权方法已被应用于大多数的非洲国家水贫困的评价中。在本书实例研究中，维度部分的赋权即为该方法。

第二，D-S证据理论。该理论最早是由登普斯特于1967年提出，随后谢弗在此理论的基础上进行了拓展，进而发展出的对已知事件多种未知结果分析的理论（覃雄合等，2014）。设 X 为研究数据范围，函数 $Y:2^X \rightarrow [0,1]$，且满足 $Y(\phi) = 0$，$\sum Y(U) = 1$ 其中 $U \subseteq X$，所以我们将 $Y(U)$ 称为 U 的基本概率数。

$\mathrm{Bel}:2^X \rightarrow [0,1]$，同时 $\mathrm{Bel}(U) = \sum M(V)$，$V \subseteq U$。Bel 则被称为下限函数，$\mathrm{Bel}(U)$ 表示命题 U 为真的信任程度。

$\mathrm{Pl}:2^X \rightarrow [0,1]$，$\mathrm{Pl}(U) = 1 - \mathrm{Bel}(\lnot U)$，$U \subseteq X$。似然函数 $\mathrm{Bel}(U)$ 表示对 U 为真的信任程度（覃雄合等，2014；孙才志等，2013）。

设 $Y_1, Y_2, \cdots, Y_m$ 是 m 个概率分配函数，则其正交和 $Y = Y_1 \oplus Y_2 \oplus \cdots \oplus Y_n$ 为：

$$\begin{cases} Y(\phi) = 0 \\ Y(\mathrm{U}) = N^{-1} \sum_{\cap U_i = U} \prod_{1 \leqslant i \leqslant m} Y_i(U_i) \end{cases} \quad (4-3)$$

式中，N 为归一化常数，计算公式为：

$$N = 1 - \sum_{\cap AU_i = \phi} \prod_{1 \leqslant i \leqslant m} Y_i(U_i) = \sum_{\cap A_i \neq \phi} \prod_{1 \leqslant i \leqslant m} Y_i(U_i) \quad (4-4)$$

综合评价指数为：

$$W = \sum_{j=1}^{n} S_j Y_{ij} \, (i = 1, 2, \cdots, n, j = 1, 2, \cdots, m) \quad (4-5)$$

式中，Y_{ij} 为在 i 个系统第 j 项指标经过标准化后的值；S_j 为评价指标 X_j 的权重。

四、核密度模型

核密度估计是由美国学者 Rosenblatt 于 1955 年提出的一种非参数检验方法，在概率论中通常被用来评价预估研究样本集分布状态函数。在该方法的使用过程中不需要事先对研究样本进行基本的假设分析，即不通过以往传统的对研究样本的分布进行先验知识，而通过研究样本自身的特征来分析研究样本。该方法较好地处理了理论值与实际值之间的差异性，较为客观地反映了样本的真实结果（覃雄合等，2014）。基于此优点，本书为了描述西北地区 52 个地市的水贫困发展的动态演化及特征，采用核密度估计方法进行分析，并通过波峰形状和数量的分析进而对西北地区水贫困发展的区域分布、演化趋势及两极分化等问题作出判断。

对于独立且分布均匀的样本数据 $x_1, x_2, \cdots, x_n$，核密度估计的形式为：

$$\hat{f}_h(x) = \frac{1}{nh} \sum_{i=1}^{n} K(\frac{x - x_i}{h}) \qquad (4-6)$$

第三节　变量选取

基于 Sullivan（2002）、Chung 和 Lee（2009）等人的分类，水资源评价应该分为资源、经济、社会、环境和生计支持的子系统。由于可持续的水资源管理的总体目标是改善人类福利，然而这是一个涉及各种资源、经济、社会、环境和生计指标的复杂问题。因此，在城乡分割的背景下衡量水资源发展状况的指标选取应该涉及这些方面。水资源短缺既是自然因素也是人为因素的结果（Dasgupta，2001）。当发生某些条件时，就会出现这些水资源短缺的情况：①水资源的数量不足；②水资源的质量变差；③用水主体不能有效利用水资源；④无法输送水资源给用水主体。简言之，水资源短缺的概念涉及现有可用水资源的数量耗竭或质量恶化，还涉及用水能力和取水权利的其他因素（Wenxin et al.，2019）。在这种关系中，水贫困指数（WPI）将区域水资源的发展状况准确的表示出来，它还可以为区域之间比较提供依据，使水资源管理政策与规划得以完善。水贫困指数主要包括以下五个组成部分：资源、设施、能力、使用和环境。

一、资源维度

资源维度指的是考虑选定研究区域水资源的物理可用性和可靠性的研究维度。它试图回答有多少水资源在规定的时间内多大程度上是可用的，这包括了降水量、地表水资源量和地下水资源量的变化情况。根据 Wenxin 等（2018）

的研究，一个可持续的水资源系统首先主要依赖于充足的地表水资源量和地下水资源量；地表水资源是水资源系统的重要构成部分，是指可以逐年更新的淡水量，主要包括地面上的江河湖泊冰川中储存的淡水，一般可以被人工管控、定量分配以及科学调度。地下水资源主要是由于大气降雨和地表水资源在水文循环系统过程中渗入到地下形成的水资源。因此，地下水资源丰裕与否与地表水资源量和降水量有直接关系（Ward，2007）。在湿润多雨和山川湖泊丰富的地区，地下水能获得大量的补给。在干旱少雨和山川湖泊较少的地区，地下水资源相对匮乏。其次是气象条件，主要是指降水量，这个变量反映水资源的可获得性以及变异性，直接影响到地区的地表水资源量和地下水资源量的充裕与否。同时，降水量还强调可获取的水资源量所带来的比较优势，以及研究区域内的可得水资源是否能够满足人口增长与经济增长所带来的压力（Walmsley，2002）。在城市和农村地区，我们主要选取了人均水资源量和降水量作为衡量资源维度的变量。人均水资源量表明一个国家或者地区的人类所能占有的水资源禀赋的本底状况，体现了地区所具有的应对水资源短缺风险的物理能力。降水量直接反映了对水资源量的补给与供应能力（刘艳华等，2013）。

二、设施维度

设施维度指的是考虑选定研究区域对该地区水资源的可获得程度的研究维度（Wenxin et al.，2019b）。它试图回答的两个问题是：该区域用水覆盖的范围有多大？该区域的排水能力有多强？设施维度主要受以下两个方面的影响：不同用途水资源的可获得性、土地的潜力和质量。①水资源的可获得性。首先，由于人口膨胀与经济增长，在用水效率保持不变的情况下，必然会导致用水需求增加；其次，水权制度不完善和水资源管理制度不完善，几乎总是会导致水资源的过度开发和在各用水部门间的不合理分配（World Health Organization，2000）；最后，水资源在区域之间以及上下游之间分配不公，进一步激化了用水矛盾。完备的水利设施有助于缓解这些问题。②土地的潜力和质量。在世界绝大部分地区，农业用水都占据了用水总量的绝大部分比例，这就要求必须要完善区域的供水设施。农业灌溉的主要目的是传送水资源和分配水资源，即农业用水必须有一个可持续的途径，保证农田用水均匀分配。土地的潜力和质量与供水设施成反比，即质量低的土地可能比质量高的土地更需要完善的供水设施（封志明等，2003）。因此，设施维度的指标应主要考虑区域内可获得农业、非农业和生活用水的便利程度。它们不仅反映了人类与安全水源之间的距离，而且也反映了能够短时间内合理获得足够数量的安全饮用水和以改善健康和生活水平为目的的完备的卫生设施。在城市和农村地区，指标应反映充分和安全获得工业用水和农业用水的重要性，这将减少用于收集水资源和排放废水污水的时间（龙爱华等，2006）。在城市地区，我们主要选取了城市供水管道长度、废水处理设施和自来水覆盖率作为衡量设施维度的变量。城市供水管道长度主要体现出了城市地区生产用的覆盖范围以及供应能力；废水处理设施主要体现了城市地区的治污、排污能力（李吉玫等，2007）；自来水覆盖率则主要反映了满足城市居民获得安全卫生的清洁用水能力；在农村地区，我们主要选取了实际灌溉面积、水库数以及自来水覆盖率作为衡量设施维度的变量。农业用水占据了我国用水总量的绝大部分比例，因此，实际灌溉面积与水库数两个变量主要考虑了农业的供水质量、供水范围以及储水能力。自来水覆盖率则主要反映了满足农村居民获得安全卫生的清洁用水能力（李云玲等，2017）。

三、能力维度

能力维度指的是考虑选定研究区域展示了人们管理水资源、购买水资源、应对水资源风险以及治理水资源污染的能力有效性的研究维度（孙才志和王雪妮，2011）。由于社会适应性和水资源之间的密切关系，人们日益认识到社会和经济能力对于预防和治理水资源短缺风险的重要性。能力维度下的指标主要应围绕提高水资源管理能力、解决水资源冲突能力、缓解水资源污染能力、了解与水相关的问题与获取水信息的能力几个方面来选取变量（孙才志等，2017）。它着重关注的问题是：水资源管理的能力如何？水贫困理论认为能力这个组成部分具有维持用水的可靠性和用水的高效性两个能力。这两个能力主要受三个因素的影响：①人力资本因素，主要表现为人类在水资源管理过程中所具备的知识、教育与技术等水平（Halbe et al.，2015）。以农民为例，随着水资源压力的增加，为了更有效地输送水资源使得土地能够维持或者提高生产效率，这就要求农民应该熟练地掌握灌溉用水（比如，灌溉方式、灌溉深度、灌溉间隔等方面），提高农业用水效率，能够使用最少的水资源量来产生粮食，从而才能更好地适应土地种植的具体情况（Han et al.，2015）。这通常是基于农民所具备的经验和知识。除了用水方式外，他们还应该能够基于经验和知识预测农业种植所能产生的收入。是否有效管理水资源的另一个重要因素是农民的技术水平。特别是对于水资源短缺地区来说，粗放的农业种植方式或土地条件差将会导致更多的水资源浪费。②实际资本因素，主要表现为人类的收入水平以及对水资源进行的投资情况。实际资本可以有效且迅速地改善用水效率以及用水条件。已有研究表明包括收入在内的实际资本是帮助减轻水资源短缺状况的一个重要因素（Karlberg et al.，2015）。例如，农民的收入水平下降有可能会导致土地或灌溉渠道的投资减少，进而导致水资源利用效率下降；同样，增加对于农田水利设施的投资，将会使得农业获得更多的灌溉水源，也提高了灌溉水平，灌溉水平的高低与粮食产量成正比（Joint Monitoring Programme，

2000，2010）。③社会资本因素，主要表现为决策部门的政策或规划制定能力或者水资源部门的管理能力。社会资本与实际资本相互作用，共同提高水资源利用效率（王雪妮等，2011b）。

因此，上述因素如教育、技术、收入、投资、制度能力以及管理能力能更好地预防或者缓解水资源短缺的风险（Lehner et al.，2011）。在城市地区，我们主要选取了政府财政自给率、高等教育普及率和城市人均 GDP 作为衡量能力维度的变量。政府财政自给率体现了城市地区政府应对水资源短缺的能力、对水利设施的投资能力、管理水资源的能力以及治理水资源污染的能力（董四方等，2010）；高等教育普及率体现了城市的人力资本能力，主要反映了人们的节水能力以及提高用水效率的能力；城市人均 GDP 则对当地居民购买水资源的能力有直接影响。在农村地区，我们主要选取了千人拥有的医生数量、初等教育普及率以及农村人均 GDP 作为衡量设施维度的变量。当缺乏安全可靠的清洁水设施时，居民的健康会受到严重影响。千人拥有医生普及率可以反映出农村地区对于这种负面影响的应对能力；初等教育普及率体现了农村的人力资本能力，主要反映了人们的节水能力以及提高用水效率的能力；农村人均 GDP 则对当地居民购买水资源的能力有直接影响（刘颖琦和郭名，2009）。

四、使用维度

使用维度指的是考虑选定研究区域可利用的水资源量在各产业之间的分配及水资源所能产生的经济效益的研究维度（孙才志等，2012）。它与能力共同构成了人类利用水资源的有效性。有证据表明，在未来 50 年内，人类需要更多粮食才能维持现有的生活水平。这就需要农业产业集约化，以更少的水资源来生产更多的粮食。因此，在许多地区，随着水资源短缺加剧，合理的水资源分配以及提高用水效率就成为一个至关重要的问题（Dennis and Thomas，1988）。人们普遍同意，应该主要通过提高用水效率来减少用水需求，使经济增长更具可持续性（Lvovich，1979）。而传统的经济发展模式是以提供充足的水资源为基础，以达到最高产量（Love and Zicchino，2006）；新的经济发展模式强调"每一滴水都能得到更多的利用"，这意味着水资源的生产效率（降低单位 GDP 用水量）应该被选为 WPI 的核心变量（Wada et al.，2014）。

在城市地区，我们主要选取了城市人均生活用水量以及万元工业增加值用水量作为衡量使用维度的变量。城市人均生活用水量主要体现出了城市居民生活用水的分配情况，对于维持居民生存和保持居民健康具有重要意义。而工业作为仅次于农业的第二大用水部门，万元工业增加值用水量通过工业用水量与工业增加值计算所得，该变量既反映了工业用水的分配情况，也反映了工业用水的效率情况；在农村地区，我们主要选取了农村居民人均生活用水量以及万元农业增加值用水量作为衡量使用维度的变量（山仑等，2004）。农村人均生活用水量主要体现出了农村居民生活用水的分配情况，对于维持居民生存和保持居民健康具有重要意义。农业作为国民经济的基础，关系到社会的稳定发展。而农业用水作为最大的用水部门，在水资源分配中占据了绝大部分比例（邵薇薇和杨大文，2007）。因此本书将万元农业增加值用水量作为衡量农业部门用水情况的变量。万元农业增加值用水量通过农业用水量与农业增加值计算所得，该变量既反映了农业用水的分配情况，也反映了农业用水的效率情况。

五、环境维度

环境维度指的是考虑选定研究区域能影响到可利用的水资源量的环境因素的研究维度，它体现了水资源与环境之间的双向反馈作用（Wenxin et al.，2019）。保持生态环境系统的健康发展对于实现水资源的可持续利用是至关重要的。环境维度直接反映了人类活动对生态环境系统和水资源系统的影响程度。它试图回答的一个问题是：环境变化对水资源短缺有什么影响？在许多情况下，水资源短缺的程度会随着生态环境系统的恶化而增加，因此，水贫困指数的指标应包括有助于维持水资源供应水平的生态环境系统的状况（Zuo，2007）。

从环境方面来讲，水质下降既是水资源短缺的原因也是水资源短缺的后果。干旱作为一种普遍现象，尤其是在干旱或半干旱地区，人类被迫使用微咸的未经处理的水资源。在农村地区，水资源短缺导致的土地退化具有更大的负面影响（World Commission on Environment and Development，1987）。由于缺乏对水质的直接测量，对土地利用压力的测量可能有助于推断水质的影响（Sullivan，2000）。诸如化肥农药滥用导致了有机质流失和土壤退化、土壤表面压实以及盐碱化引起的土壤化学退化等过程会降低作物产量和用水效率。因此，在WPI中应将这些变量作为重要指标来考虑环境对水质和水量的影响。在城市地区，我们主要选取了工业废水排放量、城市人均绿地面积以及治理废水项目投资作为衡量使用维度的变量。未经处理的工业废水被排入江河湖泊会导致严重的环境污染（陈伏龙和郑旭荣，2011）。工业废水污染地表水不仅会导致动植物死亡也会影响人类的身体健康；工业废水污染地下水会导致土壤肥力下降，影响到粮食产量。工业废水排放量主要体现出了水资源对生态环境的负外部性；城市绿地被界定为城市中自然生长植物和人工培养植物相结合的绿化用地（方创琳等，2008），其功能主要包括过滤空气、净化污水、加固河坝以及防止水土流失。城市人均绿地面积主要表现出了城市在防治水资源污染方面的自我修复能力；治理废水项目投资则直接反映出人类对生态环境的治理能力。在农村地区，我们主要选取了亩均化肥使用量、万人拥有厕所数量以及水土流失治理面积作为衡量环境维度的变量（李思佳，2013）。我们在前文中指出化肥农药滥用导致了有机质流失和土壤退化，农村生活污水排放导致了农村水源污染严重。因此，我们选择了亩均化肥使用量和万人厕所拥有量分别从农业和居民生活的角度来说明水资源污染对生态环境的影响；水土流失不但造成土壤含水量减少，污染水质，也容易导致洪涝干旱灾害。水土流失治理面积直接反映出人类对生态环境的治理能力，有效提高了水资源质量。西北地区城市和农村水贫困评价指标体系及权重见表4-1和表4-2。

表4-1　西北地区城市水贫困评价指标体系及权重

目标层	评价指标	AHP	EVM	权重
资源	降水量（亿立方米）	0.066 7	0.076	0.071
	城市人均水资源量（亿立方米）	0.133 3	0.074	0.103
设施	供水能力（%）	0.062 2	0.092	0.077
	废水处理能力	0.098 7	0.098	0.098
	城市自来水普及率（%）	0.039 2	0.103	0.071
能力	财政自给率（%）	0.082 5	0.063	0.073
	高等教育普及率（%）	0.052 0	0.057	0.055
	城市人均GDP（元）	0.065 5	0.078	0.072
使用	城市人均生活用水量（升）	0.133 3	0.105	0.119
	万元工业增加值用水量（立方米）	0.066 7	0.079	0.073
环境	工业废水排放量（立方米）	0.062 2	0.068	0.065
	城市人均绿地面积（立方米）	0.039 2	0.089	0.064
	治理废水项目投资比重（%）	0.098 7	0.017	0.058

表4-2　西北地区农村水贫困评价指标体系及权重

目标层	评价指标	AHP	EVM	权重
资源	降水量（亿立方米）	0.133 3	0.053	0.093
	人均水资源量（亿立方米）	0.067 7	0.116	0.092
设施	实际灌溉面积（平方千米）	0.105 6	0.032	0.069
	水库数（个）	0.066 5	0.095	0.081
	农村自来水普及率（%）	0.027 9	0.065	0.047
能力	千人拥有医生数量（人）	0.100 0	0.052	0.076
	初等教育普及率（%）	0.050 0	0.113	0.081
	农村人均GDP（元）	0.050 0	0.086	0.068
使用	农村人均生活用水量（升）	0.066 7	0.089	0.078
	万元农业增加值用水量（立方米）	0.133 3	0.069	0.101

（续）

目标层	评价指标	*AHP*	*EVM*	权重
环境	亩均化肥使用量（kg）	0.098 7	0.074	0.086
	万人拥有厕所数量（个）	0.039 2	0.092	0.065
	水土流失治理面积（平方千米）	0.062 2	0.064	0.063

第四节　指标冗余性检验

一、相关分析

相关分析指的是变量之间的相互关系，在此基础上确定变量之间的关联程度。在城市水资源系统和农村水资源系统内部，在水资源量分配不变的情况下，基于社会适应性与环境状况存在一定的差异，指标选取过程中会存在解释性重复的问题（王浩，2007）。本书在选取中国西北地区城市水贫困与农村水贫困指标的基础上，对相关变量进行相关性检验，以此验证变量之间是否存在冗余性。

表 4-3　指标的冗余性检验

城市（c/s）			农村（c/s）		
资源	R1	R2	资源	R1	R2
R1 c/s	1	−0.13/0	R1 c/s	1	0.27/0
R2 c/s	−0.13/0	1	R2 c/s	0.27/0	1
设施	A1	A2	A3	设施	A1	A2	A3
A1 c/s	1	0.09/0	0.13/0	A1 c/s	1	0.18/0	0.05/0
A2 c/s	0.09/0	1	0.24/0	A2 c/s	0.18/0	1	0.23/0
A3 c/s	0.13/0	0.24/0	1	A3 c/s	0.05/0	0.230	1
能力	C1	C2	C3	能力	C1	C2	C3
C1 c/s	1	0.25/0	0.03/0	C1 c/s	1	0.01/0	−0.26/0
C2 c/s	0.25/0	1	0.17/0	C2 c/s	0.01/0	1	0.07/0
C3 c/s	0.03/0	0.17/0	1	C3 c/s	−0.26/0	0.07/0	1
使用	U1	U2	使用	U1	U2
U1 c/s	1	0.27/0	U1 c/s	1	−0.12/0
U2 c/s	0.27/0	1	U2 c/s	−0.12/0	1

（续）

城市 (c/s)				农村 (c/s)			
环境	E1	E2	E3	环境	E1	E2	E3
E1 c/s	1	0.15/0	−0.09/0	E1 c/s	1	0.19/0	−0.18/0
E2 c/s	0.15/0	1	0.15/0.05	E2 c/s	0.19/0	1	0.06/0
E3 c/s	−0.09/0	0.15/0.05	1	E3 c/s	−0.18/0	0.06/0.01	1

二、冗余性分析

本书选取西北地区 2000—2017 年的城乡水贫困指标的相关数据进行分析，运用 SPSS 20.0 对西北地区 52 个地市的水贫困变量的相关性与显著性进行检验。结果如下：

首先，根据显著性的判断标准（王惠文等，2006），当 sig. < 0.05 时，在统计学上被判定为具有显著性；当 sig. < 0.001 时，在统计学上被判定为具有极度显著性，SPSS 的分析结果会默认为 0。由表 4 - 3 可知，西北地区城市水贫困指标体系与农村水贫困指标体系存在极度显著性，本次检验合理，成果成立；其次，根据相关系数的判断标准，一般当 | cor. | < 0.3 时，在统计学上被判定为变量之间的相关性较差，可以被看作不相关。由表 4 - 3 可知，西北地区城市水贫困指标体系与农村水贫困指标体系的变量之间不存在冗余性，指标选取较为合理。

第五节　基于 WPI 模型的城乡水贫困测算

首先，运用最大值—最小值的同一度量化方法对原始数据进行归一化处理，解决原始数据的不同单位问题；其次，在层次分析法（具体计算过程见 Liu et al.，2018）与熵权法（具体计算过程见 Liu et al.，2018）以及 D-S 证据合成方法的基础上计算出了五个维度下的各变量的最终权重；再次，将最终权重与原始数据标准化后的数据相乘，得到了各个维度的评价得分；最后，通过对五个维度加权求和，得到了我国西北地区 52 个地市的城市水贫困的总得分和农村水贫困的总得分。城市水贫困和农村水贫困的最终结果能够全面反映出 2000—2017 年中国西北地区水资源系统的实际情况，具体结果详见表 4 - 4 至表 4 - 11。总体上看，我国西北地区的城市水贫困得分与农村水贫困得分均呈现逐年上升的趋势，这表明城市水资源系统和农村水资源系统的发展状况在逐渐改善。然而，同一地区的城市水贫困值与农村水贫困值之间的差距随着时间的推移而逐渐拉大，这表明了城市水资源与农村水资源的改善速度并不协调。下面将对城市水资源和农村水资源进行具体评价。

表4-4　西北地区城市水贫困得分情况（一）

地区	2000 年	2001 年	2002 年	2003 年	2004 年	2005 年	2006 年	2007 年	2008 年
西安市	0.302	0.298	0.308	0.348	0.329	0.332	0.349	0.364	0.363
铜川市	0.255	0.247	0.254	0.289	0.271	0.276	0.290	0.295	0.300
宝鸡市	0.257	0.263	0.277	0.304	0.299	0.307	0.307	0.325	0.343
咸阳市	0.279	0.269	0.282	0.319	0.300	0.299	0.336	0.334	0.339
渭南市	0.264	0.258	0.272	0.300	0.284	0.285	0.287	0.305	0.313
延安市	0.209	0.228	0.237	0.249	0.243	0.263	0.276	0.294	0.290
汉中市	0.213	0.229	0.261	0.255	0.26	0.253	0.258	0.292	0.310
榆林市	0.254	0.241	0.245	0.280	0.272	0.287	0.273	0.273	0.314
安康市	0.275	0.250	0.260	0.290	0.281	0.285	0.308	0.325	0.319
商洛市	0.231	0.226	0.231	0.260	0.243	0.247	0.264	0.256	0.259
兰州市	0.313	0.257	0.263	0.260	0.262	0.274	0.287	0.282	0.293
嘉峪关市	0.396	0.402	0.384	0.427	0.438	0.425	0.432	0.419	0.417
金昌市	0.274	0.276	0.317	0.282	0.29	0.299	0.286	0.321	0.321
白银市	0.265	0.261	0.283	0.228	0.229	0.234	0.23	0.243	0.263
天水市	0.266	0.261	0.249	0.243	0.231	0.241	0.240	0.254	0.250
武威市	0.209	0.221	0.225	0.217	0.222	0.226	0.228	0.253	0.255
张掖市	0.232	0.25	0.271	0.242	0.242	0.236	0.238	0.249	0.241
平凉市	0.178	0.233	0.264	0.251	0.210	0.233	0.230	0.254	0.251
酒泉市	0.118	0.123	0.239	0.222	0.235	0.212	0.228	0.26	0.246
庆阳市	0.200	0.253	0.219	0.220	0.210	0.219	0.220	0.224	0.222
定西市	0.194	0.201	0.212	0.210	0.199	0.203	0.202	0.231	0.241
陇南市	0.215	0.215	0.224	0.218	0.200	0.213	0.217	0.216	0.217
临夏州	0.204	0.202	0.218	0.223	0.220	0.232	0.243	0.238	0.237
甘南州	0.207	0.214	0.211	0.217	0.225	0.239	0.269	0.244	0.246
银川市	0.250	0.247	0.255	0.259	0.273	0.271	0.281	0.294	0.313
石嘴山市	0.227	0.226	0.235	0.227	0.253	0.248	0.265	0.275	0.288
吴忠市	0.201	0.221	0.229	0.226	0.249	0.250	0.233	0.239	0.248
固原市	0.206	0.223	0.231	0.242	0.241	0.242	0.252	0.264	0.271

（续）

地区	2000 年	2001 年	2002 年	2003 年	2004 年	2005 年	2006 年	2007 年	2008 年
中卫市	0.195	0.219	0.220	0.218	0.221	0.222	0.221	0.212	0.227
西宁市	0.233	0.243	0.257	0.274	0.274	0.281	0.258	0.273	0.282
海东市	0.259	0.269	0.281	0.314	0.311	0.317	0.283	0.301	0.309
海北州	0.256	0.260	0.273	0.280	0.282	0.300	0.279	0.287	0.293
黄南州	0.278	0.283	0.290	0.302	0.304	0.317	0.282	0.301	0.312

表 4-5 西北地区城市水贫困得分情况（二）

地区	2000 年	2001 年	2002 年	2003 年	2004 年	2005 年	2006 年	2007 年	2008 年
海南州	0.230	0.236	0.240	0.253	0.253	0.261	0.227	0.239	0.252
果洛州	0.316	0.325	0.320	0.333	0.34	0.379	0.311	0.347	0.359
玉树州	0.359	0.364	0.354	0.365	0.357	0.401	0.329	0.352	0.370
海西州	0.193	0.220	0.238	0.245	0.260	0.293	0.273	0.279	0.289
乌鲁木齐市	0.290	0.279	0.280	0.284	0.300	0.298	0.294	0.303	0.310
克拉玛依市	0.317	0.318	0.312	0.312	0.332	0.309	0.294	0.320	0.329
石河子市	0.173	0.181	0.169	0.189	0.203	0.216	0.225	0.234	0.241
吐鲁番市	0.248	0.253	0.259	0.259	0.262	0.259	0.292	0.296	0.298
哈密市	0.217	0.215	0.218	0.225	0.229	0.233	0.238	0.241	0.230
昌吉州	0.237	0.240	0.243	0.250	0.245	0.251	0.269	0.252	0.246
伊犁州	0.246	0.242	0.255	0.251	0.253	0.252	0.247	0.265	0.255
塔城地区	0.239	0.234	0.241	0.239	0.224	0.239	0.258	0.235	0.229
阿勒泰地区	0.219	0.219	0.220	0.221	0.213	0.237	0.263	0.248	0.247
博尔塔拉州	0.226	0.235	0.243	0.245	0.222	0.234	0.247	0.255	0.255
巴音州	0.252	0.251	0.251	0.262	0.255	0.251	0.265	0.269	0.269
阿克苏	0.230	0.233	0.229	0.243	0.233	0.240	0.266	0.247	0.251
克孜勒州	0.214	0.213	0.222	0.230	0.191	0.229	0.260	0.270	0.276
喀什地区	0.197	0.210	0.205	0.214	0.204	0.229	0.258	0.248	0.249
和田地区	0.168	0.176	0.172	0.179	0.174	0.193	0.226	0.218	0.216

表 4-6　西北地区城市水贫困得分情况（三）

地区	2009 年	2010 年	2011 年	2012 年	2013 年	2014 年	2015 年	2016 年	2017 年
西安市	0.391	0.401	0.418	0.417	0.433	0.439	0.422	0.424	0.443
铜川市	0.324	0.330	0.359	0.349	0.348	0.345	0.347	0.337	0.346
宝鸡市	0.345	0.353	0.354	0.339	0.339	0.349	0.346	0.349	0.371
咸阳市	0.339	0.364	0.372	0.364	0.361	0.369	0.375	0.374	0.393
渭南市	0.310	0.325	0.336	0.327	0.329	0.336	0.332	0.342	0.356
延安市	0.315	0.310	0.320	0.322	0.355	0.341	0.326	0.338	0.359
汉中市	0.314	0.320	0.327	0.336	0.340	0.329	0.325	0.332	0.354
榆林市	0.315	0.342	0.345	0.328	0.333	0.357	0.363	0.346	0.353
安康市	0.318	0.325	0.343	0.337	0.352	0.353	0.356	0.357	0.379
商洛市	0.279	0.304	0.309	0.310	0.315	0.322	0.316	0.307	0.329
兰州市	0.289	0.278	0.282	0.314	0.333	0.352	0.336	0.351	0.356
嘉峪关市	0.336	0.334	0.344	0.377	0.384	0.389	0.376	0.361	0.382
金昌市	0.319	0.335	0.302	0.288	0.289	0.292	0.310	0.315	0.322
白银市	0.261	0.262	0.267	0.302	0.299	0.308	0.290	0.291	0.296
天水市	0.266	0.269	0.289	0.296	0.299	0.291	0.299	0.310	0.317
武威市	0.240	0.253	0.267	0.286	0.282	0.286	0.277	0.283	0.286
张掖市	0.245	0.254	0.252	0.268	0.277	0.293	0.284	0.284	0.288
平凉市	0.266	0.284	0.287	0.299	0.315	0.312	0.293	0.298	0.307
酒泉市	0.229	0.241	0.265	0.297	0.307	0.312	0.292	0.296	0.298
庆阳市	0.261	0.276	0.278	0.298	0.312	0.309	0.285	0.288	0.299
定西市	0.253	0.250	0.257	0.279	0.287	0.286	0.271	0.273	0.280
陇南市	0.231	0.267	0.272	0.267	0.281	0.273	0.277	0.275	0.287
临夏州	0.239	0.230	0.238	0.259	0.262	0.266	0.248	0.268	0.266
甘南州	0.248	0.246	0.261	0.265	0.270	0.277	0.26	0.272	0.265
银川市	0.308	0.301	0.312	0.324	0.316	0.267	0.333	0.342	0.347
石嘴山市	0.281	0.314	0.342	0.335	0.329	0.336	0.335	0.334	0.336
吴忠市	0.249	0.254	0.270	0.280	0.267	0.277	0.281	0.289	0.293
固原市	0.269	0.293	0.285	0.292	0.295	0.300	0.294	0.301	0.302
中卫市	0.251	0.254	0.259	0.273	0.263	0.274	0.286	0.277	0.281
西宁市	0.260	0.295	0.316	0.320	0.308	0.308	0.300	0.312	0.316
海东市	0.312	0.302	0.274	0.267	0.255	0.262	0.258	0.272	0.267
海北州	0.293	0.299	0.309	0.307	0.308	0.319	0.320	0.313	0.341
黄南州	0.312	0.315	0.327	0.320	0.299	0.306	0.303	0.313	0.334

表4-7　西北地区城市水贫困得分情况（四）

地区	2009 年	2010 年	2011 年	2012 年	2013 年	2014 年	2015 年	2016 年	2017 年
海南州	0.257	0.259	0.268	0.271	0.271	0.280	0.285	0.302	0.303
果洛州	0.382	0.375	0.388	0.397	0.367	0.377	0.371	0.385	0.399
玉树州	0.400	0.381	0.381	0.323	0.339	0.338	0.343	0.350	0.389
海西州	0.315	0.375	0.372	0.323	0.298	0.302	0.313	0.322	0.334
乌鲁木齐市	0.327	0.328	0.355	0.364	0.369	0.376	0.406	0.410	0.418
克拉玛依市	0.339	0.342	0.350	0.363	0.377	0.385	0.396	0.405	0.406
石河子市	0.252	0.254	0.243	0.258	0.292	0.304	0.327	0.330	0.349
吐鲁番市	0.298	0.303	0.313	0.327	0.342	0.354	0.355	0.366	0.349
哈密市	0.267	0.274	0.279	0.285	0.291	0.302	0.306	0.303	0.303
昌吉州	0.257	0.260	0.268	0.270	0.279	0.288	0.286	0.306	0.319
伊犁州	0.265	0.278	0.275	0.277	0.281	0.293	0.280	0.303	0.304
塔城地区	0.238	0.250	0.241	0.249	0.263	0.265	0.277	0.282	0.278
阿勒泰地区	0.246	0.251	0.201	0.209	0.269	0.267	0.281	0.282	0.297
博尔塔拉州	0.257	0.263	0.274	0.278	0.295	0.295	0.298	0.319	0.350
巴音郭楞州	0.270	0.276	0.282	0.298	0.303	0.310	0.321	0.330	0.339
阿克苏	0.248	0.262	0.265	0.271	0.279	0.283	0.284	0.288	0.291
克孜勒州	0.277	0.290	0.301	0.315	0.323	0.331	0.339	0.353	0.410
喀什地区	0.249	0.263	0.257	0.262	0.269	0.270	0.274	0.285	0.290
和田地区	0.222	0.235	0.240	0.248	0.253	0.257	0.251	0.258	0.266

表4-8　西北地区农村水贫困得分情况（一）

地区	2000 年	2001 年	2002 年	2003 年	2004 年	2005 年	2006 年	2007 年	2008 年
西安市	0.268	0.259	0.259	0.294	0.266	0.266	0.272	0.283	0.272
铜川市	0.248	0.236	0.238	0.267	0.237	0.245	0.246	0.243	0.243
宝鸡市	0.263	0.260	0.267	0.286	0.257	0.264	0.275	0.286	0.267
咸阳市	0.266	0.259	0.262	0.295	0.267	0.260	0.269	0.292	0.270
渭南市	0.277	0.271	0.272	0.299	0.272	0.273	0.297	0.289	0.279
延安市	0.288	0.302	0.307	0.309	0.290	0.293	0.299	0.305	0.263
汉中市	0.255	0.277	0.284	0.268	0.267	0.255	0.261	0.297	0.315
榆林市	0.293	0.269	0.266	0.301	0.280	0.292	0.281	0.299	0.314
安康市	0.309	0.287	0.283	0.309	0.278	0.286	0.305	0.314	0.310

（续）

地区	2000 年	2001 年	2002 年	2003 年	2004 年	2005 年	2006 年	2007 年	2008 年
商洛市	0.304	0.302	0.293	0.323	0.286	0.286	0.322	0.307	0.269
兰州市	0.241	0.240	0.247	0.250	0.241	0.243	0.244	0.255	0.248
嘉峪关市	0.250	0.240	0.244	0.253	0.279	0.302	0.321	0.334	0.281
金昌市	0.225	0.226	0.228	0.230	0.228	0.230	0.244	0.250	0.239
白银市	0.233	0.233	0.236	0.237	0.228	0.227	0.234	0.245	0.237
天水市	0.234	0.234	0.252	0.252	0.229	0.243	0.246	0.250	0.241
武威市	0.237	0.245	0.250	0.250	0.247	0.245	0.248	0.254	0.259
张掖市	0.234	0.235	0.248	0.249	0.245	0.249	0.249	0.256	0.262
平凉市	0.246	0.246	0.264	0.265	0.245	0.253	0.258	0.260	0.256
酒泉市	0.256	0.256	0.264	0.265	0.247	0.248	0.275	0.281	0.250
庆阳市	0.276	0.276	0.290	0.290	0.259	0.262	0.287	0.290	0.250
定西市	0.224	0.225	0.240	0.240	0.226	0.232	0.228	0.230	0.233
陇南市	0.236	0.236	0.246	0.246	0.233	0.244	0.238	0.243	0.241
临夏州	0.230	0.230	0.241	0.241	0.232	0.240	0.233	0.248	0.242
甘南州	0.243	0.245	0.237	0.237	0.243	0.248	0.262	0.245	0.247
银川市	0.223	0.226	0.238	0.232	0.227	0.223	0.242	0.235	0.241
石嘴山市	0.233	0.235	0.242	0.242	0.239	0.237	0.244	0.248	0.255
吴忠市	0.238	0.239	0.237	0.238	0.234	0.235	0.236	0.239	0.254
固原市	0.242	0.242	0.242	0.257	0.239	0.239	0.254	0.239	0.251
中卫市	0.256	0.264	0.265	0.268	0.238	0.235	0.269	0.251	0.241
西宁市	0.278	0.279	0.277	0.290	0.272	0.267	0.202	0.187	0.171
海东市	0.223	0.223	0.221	0.238	0.232	0.225	0.218	0.229	0.232
海北州	0.242	0.242	0.238	0.243	0.240	0.248	0.269	0.251	0.246
黄南州	0.224	0.224	0.221	0.228	0.226	0.225	0.235	0.236	0.238

表 4 - 9　西北地区农村水贫困得分情况（二）

地区	2000 年	2001 年	2002 年	2003 年	2004 年	2005 年	2006 年	2007 年	2008 年
海南州	0.252	0.253	0.246	0.252	0.254	0.248	0.245	0.244	0.256
果洛州	0.255	0.255	0.247	0.255	0.253	0.252	0.247	0.262	0.274
玉树州	0.241	0.241	0.243	0.243	0.239	0.241	0.252	0.240	0.260
海西州	0.259	0.260	0.268	0.263	0.247	0.246	0.271	0.254	0.256

（续）

地区	2000年	2001年	2002年	2003年	2004年	2005年	2006年	2007年	2008年
乌鲁木齐市	0.222	0.219	0.227	0.226	0.230	0.227	0.225	0.242	0.228
克拉玛依市	0.252	0.257	0.261	0.260	0.253	0.253	0.235	0.240	0.238
石河子市	0.288	0.277	0.277	0.264	0.271	0.263	0.262	0.263	0.256
吐鲁番市	0.213	0.226	0.218	0.223	0.221	0.225	0.233	0.231	0.216
哈密市	0.220	0.221	0.218	0.219	0.217	0.217	0.214	0.216	0.222
昌吉州	0.254	0.253	0.255	0.260	0.259	0.257	0.258	0.263	0.260
伊犁州	0.267	0.261	0.275	0.270	0.283	0.270	0.272	0.277	0.273
塔城地区	0.268	0.265	0.274	0.270	0.268	0.275	0.276	0.262	0.259
阿勒泰地区	0.249	0.249	0.232	0.234	0.235	0.238	0.238	0.236	0.234
博尔塔拉州	0.229	0.235	0.240	0.238	0.231	0.226	0.227	0.226	0.226
巴音州	0.277	0.276	0.246	0.252	0.226	0.229	0.233	0.236	0.243
阿克苏	0.230	0.236	0.236	0.239	0.237	0.238	0.241	0.238	0.248
克孜勒州	0.311	0.302	0.318	0.332	0.299	0.256	0.261	0.256	0.258
喀什地区	0.253	0.256	0.278	0.283	0.260	0.269	0.268	0.259	0.264
和田地区	0.225	0.226	0.226	0.229	0.222	0.225	0.223	0.222	0.223

表4-10　西北地区农村水贫困得分情况（三）

地区	2009年	2010年	2011年	2012年	2013年	2014年	2015年	2016年	2017年
西安市	0.284	0.277	0.297	0.279	0.287	0.300	0.298	0.294	0.308
铜川市	0.263	0.258	0.285	0.265	0.259	0.260	0.264	0.256	0.273
宝鸡市	0.271	0.272	0.292	0.270	0.270	0.288	0.283	0.283	0.306
咸阳市	0.279	0.281	0.293	0.273	0.273	0.289	0.288	0.283	0.302
渭南市	0.284	0.295	0.304	0.286	0.290	0.303	0.293	0.300	0.309
延安市	0.318	0.308	0.319	0.315	0.352	0.334	0.314	0.325	0.343
汉中市	0.283	0.275	0.284	0.296	0.296	0.284	0.292	0.301	0.326
榆林市	0.293	0.326	0.317	0.302	0.294	0.308	0.308	0.304	0.298
安康市	0.294	0.300	0.332	0.302	0.316	0.305	0.304	0.299	0.314
商洛市	0.304	0.296	0.314	0.288	0.292	0.318	0.307	0.304	0.315
兰州市	0.250	0.253	0.259	0.264	0.264	0.275	0.261	0.274	0.275

（续）

地区	2009 年	2010 年	2011 年	2012 年	2013 年	2014 年	2015 年	2016 年	2017 年
嘉峪关市	0.235	0.238	0.240	0.292	0.255	0.295	0.292	0.302	0.301
金昌市	0.245	0.243	0.246	0.246	0.146	0.254	0.249	0.250	0.245
白银市	0.235	0.238	0.241	0.246	0.207	0.256	0.245	0.251	0.243
天水市	0.239	0.239	0.250	0.249	0.252	0.244	0.243	0.242	0.252
武威市	0.253	0.255	0.261	0.262	0.216	0.267	0.263	0.267	0.272
张掖市	0.263	0.262	0.260	0.265	0.209	0.273	0.271	0.275	0.287
平凉市	0.253	0.267	0.267	0.260	0.272	0.266	0.263	0.260	0.268
酒泉市	0.256	0.260	0.262	0.266	0.169	0.272	0.273	0.276	0.277
庆阳市	0.262	0.270	0.270	0.271	0.285	0.280	0.267	0.270	0.284
定西市	0.225	0.225	0.228	0.239	0.232	0.237	0.231	0.231	0.244
陇南市	0.247	0.246	0.251	0.247	0.256	0.246	0.246	0.244	0.267
临夏州	0.234	0.234	0.232	0.244	0.215	0.242	0.230	0.245	0.246
甘南州	0.238	0.246	0.252	0.257	0.253	0.261	0.251	0.263	0.258
银川市	0.238	0.244	0.244	0.256	0.249	0.254	0.261	0.266	0.269
石嘴山市	0.246	0.253	0.253	0.262	0.255	0.263	0.266	0.265	0.268
吴忠市	0.254	0.250	0.253	0.258	0.250	0.260	0.261	0.269	0.272
固原市	0.248	0.256	0.252	0.257	0.278	0.272	0.258	0.266	0.268
中卫市	0.248	0.248	0.253	0.259	0.252	0.263	0.259	0.266	0.268
西宁市	0.179	0.268	0.270	0.276	0.278	0.285	0.274	0.287	0.290
海东市	0.241	0.230	0.226	0.238	0.233	0.240	0.234	0.247	0.230
海北州	0.240	0.257	0.256	0.257	0.257	0.275	0.264	0.262	0.262
黄南州	0.238	0.237	0.243	0.241	0.235	0.244	0.243	0.251	0.250

表 4 - 11　西北地区农村水贫困得分情况（四）

城市/地区	2009 年	2010 年	2011 年	2012 年	2013 年	2014 年	2015 年	2016 年	2017 年
海南州	0.258	0.252	0.252	0.256	0.255	0.262	0.261	0.274	0.273
果洛州	0.276	0.261	0.266	0.274	0.268	0.269	0.268	0.281	0.285
玉树州	0.268	0.254	0.260	0.264	0.258	0.273	0.230	0.259	0.276
海西州	0.276	0.271	0.272	0.287	0.321	0.335	0.287	0.292	0.301

(续)

城市/地区	2009 年	2010 年	2011 年	2012 年	2013 年	2014 年	2015 年	2016 年	2017 年
乌鲁木齐市	0.243	0.240	0.247	0.248	0.253	0.256	0.269	0.272	0.270
克拉玛依市	0.244	0.250	0.258	0.262	0.274	0.271	0.274	0.287	0.283
石河子市	0.265	0.272	0.267	0.263	0.270	0.272	0.280	0.289	0.290
吐鲁番市	0.215	0.213	0.226	0.218	0.218	0.222	0.225	0.227	0.229
哈密市	0.218	0.222	0.231	0.228	0.230	0.235	0.241	0.241	0.243
昌吉州	0.291	0.306	0.337	0.283	0.294	0.297	0.289	0.318	0.320
伊犁州	0.289	0.305	0.302	0.300	0.303	0.316	0.297	0.331	0.318
塔城地区	0.284	0.304	0.305	0.277	0.299	0.296	0.307	0.320	0.309
阿勒泰地区	0.245	0.256	0.259	0.250	0.264	0.262	0.274	0.276	0.277
博尔塔拉州	0.234	0.237	0.307	0.240	0.257	0.251	0.248	0.250	0.268
巴音郭楞州	0.257	0.263	0.266	0.283	0.259	0.267	0.277	0.269	0.289
阿克苏	0.254	0.270	0.271	0.262	0.281	0.281	0.283	0.274	0.284
克孜勒州	0.257	0.273	0.283	0.287	0.217	0.220	0.222	0.237	0.232
喀什地区	0.268	0.280	0.280	0.273	0.284	0.285	0.289	0.315	0.299
和田地区	0.225	0.232	0.233	0.238	0.241	0.242	0.245	0.257	0.269

一、城市水贫困评价

城市水贫困值越小，表明区域的水资源状况越差；城市水贫困值越大，表明区域的水资源状况越好。如表 4-4 至 4-7 所示，中国西北地区各地市在 2000—2017 年城市水贫困值在 0.118～0.443，城市水贫困程度整体上呈现出下降的趋势，各地市的下降幅度很大，且下降趋势很明显，说明西北地区城市水资源系统的发展状况在明显提高。然而各地市城市水贫困的下降速度并不相同，存在很大差异。西安市、兰州市、克拉玛依市等地在各个时期水贫困程度均很低，表明水资源处于一种良性发展的状况；和田地区、海东州、临夏州等地在各个时期都表现出较高的水贫困程度，表明水资源处于一种恶性发展的状况。根据结果，我们观察了城市水贫困值的时间演变状况，包括第一年（2000 年）、中间年份（2008 年）和结束年份（2017 年）。根据计算结果，得出了城市水贫困值的核密度分布，以判断西北地区城市水资源的整体发展趋势。研究结果如下：

首先，从图 4-1 中核密度估计函数的位置可以看出，2000—2017 年，核密度分布曲线向右逐渐平移，反映了城市水资源发展处于一种逐步改善的趋势。

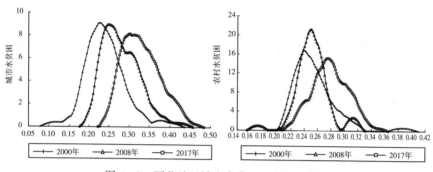

图 4-1　西北地区城乡水贫困核密度分布图

其次，从核密度估计函数的形态上看，城市水资源的发展水平并不是严格的单峰型。城市水资源的发展处于由双峰分布向单峰分布逐渐变化的过程，且变化速度相对来说比较均匀。在 2000 年的双峰分布中，第一个峰较小，第二个峰较大，说明城市水资源的发展在西北地区整体上呈现两极分化的趋势，这主要是因为在城市快速发展时期，水资源需求矛盾激化，区域与区域之间的城市水资源发展速度不同。随着时间的推移，2008 年呈现双峰态势，程度有所下降；直到 2017 年的核密度估计函数呈现单峰分布的状态，说明区域与区域之间城市水资源发展的两极分化差距已经开始缓解。

最后，从核密度估计函数的峰度来看，2000—2017 年城市水资源的分布形态呈现出向匀称宽峰型发展的趋势。随着时间的推进，波高明显降低，而中右面积逐渐增大；与城市水资源发展水平相对应的峰值表明西北地区城市水资源的改善速度较快，同时低水平水贫困程度地区的数量要多于高水平水贫困程度地区。

二、农村水贫困评价

农村水贫困值越小，表明区域的水资源状况越差；农村水贫困值越大，表明区域的水资源状况越好。如表 4-8 至表 4-11 所示，中国西北地区各地市在 2000—2017 年农村水贫困值在 0.146～0.352，农村水贫困程度整体上呈现出缓慢下降的趋势，各地市的水贫困值呈现出上升与下降逐年波动，稳中有升的趋势。这说明西北地区农村水资源系统的发展状况在缓慢改善，然而农村地区的改善速度和改善程度要远低于城市地区，这表明城市水资源和农村水资源的改善并不协调。然而，西北地区各地市农村水资源的改善速度并不相同，存在很大差异。延安市、汉中市、伊犁州等地在各个时期水贫困程度均很低，表明水资源处于一种缓慢的良性发展状况；哈密市、海东州、定西市等地在各个时期都表现出较高的水贫困程度，表明水资源处于一种缓慢的恶性发展的状况。根据结果，我们观察了农村水贫困值的时间演变状况，包括第一年（2000 年）、中间年份（2008 年）和结束年份（2017 年）。根据计算结果，得出了农村水贫困值的核密度分布，以判断西北地区农村水资源的整体发展趋势（图 4 - 1）。

　　首先，从图 4 - 1 中核密度估计函数的位置可以看出，2000—2017 年，核密度分布曲线向右逐渐平移，反映了农村水资源发展处于一种逐步改善的趋势。

　　其次，从核密度估计函数的形态上看，农村水资源的发展水平并不是严格的单峰型。农村水资源处于单峰分布和双峰分布交错发展的趋势，发展极不平衡。随着时间的推移，2017 年的农村水资源分布呈现单峰分布，说明农村水资源发展的两极分化已经缓解。与城市地区相比，在 2000 年的单峰分布说明，农村地区间的水资源发展差距不大。然而，农村水资源发展在 2008 年连续经历了明显的高峰分布。这表明，这一时期农村水资源发展的两极分化明显加剧，水资源状况进一步恶化，这可能是由前一时期农村水资源发展所带来的滞后效应所导致的。2017 年，农村水资源发展的峰度分布下降，表明地区间水资源两极分化的程度下降。

　　最后，从峰度来看，与城市相比，2000—2017 年农村水资源的分布形态呈现出向尖峰型发展的趋势。随着时间的推进，波高明显变动剧烈，左边的面积逐渐小于右边的面积；与农村水资源发展水平相对应的峰值表明，西北地区农村水资源不仅增长水平较低，而且低水平水贫困程度地区的数量要多于高水平水贫困程度地区。

　　我们在这一部分只分析了西北地区整体上的城市水资源和农村水资源发展状况以及时间变化，而忽略了影响城市水资源和农村水资源发展的主要驱动因子。改善城市水资源和农村水资源的发展需要准确识别其主要驱动因素，有助于促进西北地区城市水资源和农村水资源的协调发展。这点将在下一节中做进一步讨论。

第六节　基于 LSE 模型的城乡水贫困驱动因素分析

一、城市水贫困的驱动因素类型

　　本书依据最小方差法和对西北地区 52 个地市五个维度贡献率的分析，可以进一步探究西北各地区城市水资源的空间驱动类型以及驱动因素（表 4 - 12 和表 4 - 13）。

表 4-12　西北地区城市水贫困排名、贡献率及驱动类型（一）

地区	排名	资源	设施	能力	使用	环境	类型
西安市	1	8.04	10.84	27.47	20.99	32.66	A-C-U-E
铜川市	20	11.43	9.31	17.64	22.62	39	R-C-U-E
宝鸡市	10	12.06	5.08	22.98	21.53	38.34	R-C-U-E
咸阳市	7	9.89	6.08	22.74	22.03	39.27	C-U-E
渭南市	12	11.15	4.16	23.03	22.03	39.64	C-U-E
延安市	11	11.55	4.52	22.6	21.99	39.34	R-C-U-E
汉中市	14	14.41	3	19.63	21.49	41.47	R-C-U-E
榆林市	15	9.95	3.49	24.22	21.45	40.89	C-U-E
安康市	9	14.95	6.4	17.8	21.73	39.12	R-C-U-E
商洛市	26	13.9	1.5	18.69	22.31	43.61	R-C-U-E
兰州市	13	5.04	12.65	23.73	24.21	34.37	A-C-U-E
嘉峪关市	8	1.65	15.28	22.26	22.4	38.41	A-C-U-E
金昌市	27	3.51	7.55	22.93	27.2	38.81	C-U-E
白银市	39	5.4	6.2	20.95	26.12	41.33	C-U-E
天水市	30	9.36	6.12	21.39	24.33	38.79	C-U-E
武威市	45	4.35	6.4	20.46	27.05	41.73	C-U-E
张掖市	43	5.65	7.34	17.52	27.46	42.03	C-U-E
平凉市	31	9.63	7.22	19.83	24.59	38.74	C-U-E
酒泉市	37	1.54	8.4	23.59	25.84	40.63	C-U-E
庆阳市	36	10.76	3.96	21.65	24.91	38.71	C-U-E
定西市	47	9.46	3.11	20.35	25.96	41.12	C-U-E
陇南市	44	12.75	2.7	19.15	25.37	40.03	R-C-U-E
临夏州	51	10.96	5.57	16.48	29.41	37.58	R-C-U-E
甘南州	52	12.93	2.98	17.48	28.42	38.2	R-C-U-E
银川市	19	4.11	9.82	23.99	24.54	37.52	A-C-U-E
石嘴山市	22	2.35	8.37	17.83	28.4	43.05	C-U-E
吴忠市	40	5.33	5.62	19.37	27.61	42.06	C-U-E
固原市	35	8.45	10.1	17.57	25.38	38.5	C-U-E
中卫市	46	4.4	5.33	19.55	27.04	43.68	A-C-U-E
西宁市	29	8.02	8.32	24.7	25.15	33.81	C-U-E
海东市	49	5.09	3.66	22.68	29.53	39.04	C-U-E
海北州	25	11.59	11.6	16.79	26.56	33.46	R-A-C-U-E
黄南州	24	8.01	13.93	16.49	28.39	33.19	A-C-U-E

表 4 - 13　西北地区城市水贫困排名、贡献率及驱动类型（二）

地区	排名	资源	设施	能力	使用	环境	类型
海南州	34	7.74	9.59	18.69	27.62	36.35	C - U - E
果洛州	5	18.62	13.27	14.44	24.16	29.51	R - A - C - U - E
玉树州	6	22.69	10.89	14.59	23.13	28.7	R - A - C - U - E
海西州	23	6.61	16.33	19.64	24.02	33.41	A - C - U - E
乌鲁木齐市	2	4.02	17.18	23.94	19.91	34.95	C - U - E
克拉玛依市	4	0.99	20.3	22.3	18.33	38.08	A - C - U - E
石河子市	17	2.92	13.41	25.55	20.96	37.16	A - C - U - E
吐鲁番市	18	0.14	12.04	19.83	21.31	46.68	C - U - E
哈密市	33	0.85	10.16	24.13	24.52	40.34	C - U - E
昌吉州	28	5.67	9.28	22.58	22.77	39.7	C - U - E
伊犁州	32	5.49	6.29	26.01	23.9	38.31	C - U - E
塔城地区	48	5.05	4.64	22.68	26.16	41.46	C - U - E
阿勒泰地区	38	6.14	6.41	19.38	24.72	43.35	C - U - E
博尔塔拉州	16	4.23	19.83	16.87	21.51	37.55	A - C - U - E
巴音郭楞州	21	2.05	21.8	20.15	21.39	34.61	A - C - U - E
阿克苏地区	41	1.57	6.38	24.7	24.89	42.46	C - U - E
克孜勒州	3	4.16	30.22	12.98	18.53	34.11	A - C - U - E
喀什地区	42	2.85	4.38	25.63	25.08	42.06	C - U - E
和田地区	50	2.65	5.37	23.26	26.68	42.03	C - U - E

（1）三因素型。三因素型水贫困的驱动因素以能力维度、使用维度和环境维度为主，包括咸阳市（7）、榆林市（15）、金昌市（27）、白银市（39）、天水市（30）、武威市（45）、张掖市（43）、平凉市（31）、酒泉市（37）、庆阳市（36）、定西市（47）、石嘴山市（22）、吴忠市（40）、固原市（35）、西宁市（29）、海东市（49）、海南州（34）、乌鲁木齐市（2）、吐鲁番市（18）、哈密市（33）、昌吉州（28）、伊犁州（32）、塔城地区（48）、阿勒泰地区（38）、阿克苏地区（41）、喀什地区（42）、和田地区（50）。乌鲁木齐市、咸阳市、榆林市、吐鲁番市等区域的水资源禀赋条件普遍较差，同时该区域人均水资源量都低于缺水地区的标准线，属于资源型缺水城市。然而，这些区域的经济发展水平较高，社会适应性能力较强，使得工业用水重复利用水平尚可。石嘴山市、金昌市、天水市、西宁市、平凉市、固原市、西宁市海南州、哈密市、昌吉州、伊犁州等区域在城市中存在排水管道系统分散，农业中存在节水灌溉技

术推广范围较低，工业上存在相关污水处理设施不到位等问题。同时，这些地区还存在着水资源开发与使用矛盾冲突的问题，其高于150％资源开发强度严重超出了其水环境的承载量。基于此，这些区域可以在优化城市排水系统、促进农业节水灌溉技术推广以及降低工业污水排放等方面加强管理。庆阳市、酒泉市、白银市、吴忠市、阿克苏地区、喀什地区、武威市、定西市、塔城地区以及和田地区水贫困问题产生的主要原因在于其自身的水资源禀赋以及基础设施建设状况较差。这些地区的经济发展水平较差，社会适应性能力不高，城市供水设施以及废水处理设施的建设状况均较差。基于此，这些区域可以通过加大经济及技术投入以提高该区域的设施维度得分。

（2）四因素Ⅰ型。四因素Ⅰ型水贫困的驱动因素以设施维度、能力维度、使用维度和环境维度为主，包括西安市（1）、兰州市（13）、嘉峪关市（8）、银川市（19）、中卫市（46）、黄南州（24）、海西州（23）、克拉玛依市（4）、石河子市（17）、博尔塔拉州（16）、巴音郭楞州（21）、克孜勒州（3）。以上十二个地市存在水资源禀赋较差的问题，属于人口和生态双重缺水。同时，该区域由于水资源存在着严重的供需矛盾及多产业水资源利用效率低下的现实问题，进一步加剧了区域用水压力。同时，西安市、克孜勒州、克拉玛依市、嘉峪关市、兰州市、博尔塔拉州、石河子市、银川市这些地区相较于其他地区经济状况较好，政府调控能力强；这些区集中了大量的高等学府和科研院所，科技水平高，具有较强的社会适应性。海西州和黄南州的农业节水灌溉技术推广及使用率较高，使得该区域的农业用水效率普遍高于其他地域。同时，这两个地区的工业污水处理达标率和城市用水普及率都较高，表明供水设施与废水处理设施的建设情况良好。中卫市的城市水资源发展状况较差。这些地区的五个维度能力普遍较差。然而，落后的经济水平与水资源短缺形成了恶性循环。针对以上问题，中卫市应在协调好经济与生态环境发展的前提下，通过提高社会适应性能力来解决水贫困问题。

（3）四因素Ⅱ型。四因素Ⅱ型水贫困的驱动因素以资源维度、能力维度、使用维度和环境维度为主，包括铜川市（20）、宝鸡市（10）、延安市（11）、汉中市（14）、安康市（9）、商洛市（26）、陇南市（44）、临夏州（51）、甘南州（52）。安康市、宝鸡市、延安市、汉中市以及铜川市等地区的水资源禀赋相对较好；同时，这些区域也实现了经济与生态环境的协调发展，能够在绿色发展的前提下实现较强的区域政府财政自给能力及较高的人均GDP，科教水平较高，区域抗逆能力强；商洛市的地区工业用水效率较高，工业污水处理达标率较高，且政府消费支出占地区生产总值比例均低于20％，区域的社会经济能力发展尚可，社会适应能力较强；陇南市、临夏州以及甘南州这些地区的城市水资源发展较差，一方面由于西北地区其自然环境存在干旱区域范围广、土地沙漠化严重、人为破坏生态环境情况较少的现象；另一方面，这些地区还存在着生活、工业污水处理能力有待提高、设施需进一步完善的需求。基于此，这些区域可以通过提高地区的社会适应性能力以实现城市水资源的可持续发展。

（4）五因素型。五因素型水贫困的驱动因素以资源维度、设施维度、能力维度、使用维度和环境维度为主，包括海北州（25）、果洛州（5）、玉树州（6）。以上三个地市都属于青海省，在地理位置上相互领近，其经济社会发展、水资源禀赋状况也比较接近，不同维度因此也存在相同的驱动效应。各区域水资源本底情况好，经济发展水平、基础设施建设和环境污染治理投资在研究区域中均处于前列，并未出现"短板"因素。综上，基于该区域的五个因素均对当前水贫困发展产生了联合驱动效应的前提，可以通过提高五个维度来实现区域水贫困问题的解决。

二、农村水贫困的驱动因素类型

基于 LSE 模型关于最小方差的计算过程，本书依据各地区的资源维度、设施维度、能力维度、使用维度和环境维度等 5 个方面的贡献率，可以进一步分析西北各地区农村水资源的空间驱动类型以及驱动因素（表 4-14 和表 4-15）。

表 4-14 西北地区农村水贫困排名、贡献率及驱动类型（一）

地区	排名	资源	设施	能力	使用	环境	类型
西安市	9	15.04	9.75	10.95	33.1	31.16	R-C-U-E
铜川市	29	18.9	2.82	7.42	37.16	33.7	R-U-E
宝鸡市	10	19.01	9.07	7.01	33.07	31.84	R-U-E
咸阳市	11	16.77	9.5	7.19	33.61	32.92	R-U-E
渭南市	7	16.73	13.12	6.1	32.72	31.33	R-A-U-E
延安市	1	15.74	14.65	6.53	29.54	33.54	R-A-U-E
汉中市	2	20.08	7.95	5.38	31.07	35.52	R-U-E
榆林市	15	15.34	6.19	7.54	33.98	36.96	R-U-E
安康市	6	22.14	2.56	5.41	32.2	37.7	R-U-E
商洛市	5	18.94	4.96	5.11	32.07	38.93	R-U-E
兰州市	27	8.49	9.95	9.65	37.17	34.74	A-C-U-E
嘉峪关市	12	2.73	9.03	13.44	36.29	38.51	C-U-E
金昌市	46	6.02	3.32	9.45	41.61	39.6	U-E
白银市	49	8.58	3.93	5.05	41.73	40.72	U-E

（续）

地区	排名	资源	设施	能力	使用	环境	类型
天水市	43	15.26	2.29	4.07	40.13	38.25	R－U－E
武威市	31	5.87	8.21	6.34	37.28	42.3	U－E
张掖市	19	7.08	9.94	7.35	35.25	40.38	U－E
平凉市	36	14.36	2.58	4.28	37.73	41.04	U－E
酒泉市	25	1.99	8.34	9.98	36.63	43.06	U－E
庆阳市	21	14.73	2.38	4.07	35.6	43.23	R－U－E
定西市	47	14.11	5.23	3.79	41.48	35.4	R－U－E
陇南市	40	17.46	6.59	3.03	37.88	35.03	R－U－E
临夏州	45	15.39	3.1	3.36	41.17	36.98	R－U－E
甘南州	42	15.31	3.69	4.76	39.21	37.04	R－U－E
银川市	33	6.92	6.88	11.38	37.87	36.95	U－E
石嘴山市	39	3.84	4.1	10.68	38.34	43.04	U－E
吴忠市	30	7.48	4	8.49	37.28	42.74	U－E
固原市	35	12.32	2.25	6.67	37.69	41.06	U－E
中卫市	37	6.01	4.66	7.33	37.78	44.22	U－E
西宁市	17	11.38	3.12	7.6	34.97	42.92	U－E
海东市	51	7.64	1.81	8.78	44.09	37.69	U－E
海北州	41	14.5	0.58	9.4	38.68	36.85	R－U－E
黄南州	44	12.23	1.2	6.69	40.61	39.28	U－E

表 4-15　西北地区农村水贫困排名、贡献率及驱动类型（二）

地区	排名	资源	设施	能力	使用	环境	类型
海南州	28	9.3	3.51	7.97	37.11	42.12	U－E
果洛州	20	13.98	4.5	4.64	35.56	41.31	R－U－E
玉树州	26	17.06	1.24	4.94	36.66	40.09	R－U－E
海西州	13	8.76	4.97	8.95	33.81	43.51	U－E
乌鲁木齐市	32	8.1	3.74	14.6	37.56	35.99	C－U－E
克拉玛依市	23	1.85	4.12	19.44	35.79	38.8	C－U－E
石河子市	16	4.58	8.42	17.78	34.84	34.38	C－U－E
吐鲁番市	52	0.08	2.75	11.6	44.21	41.36	U－E

（续）

地区	排名	资源	设施	能力	使用	环境	类型
哈密市	48	1.16	4.45	13.75	41.57	39.08	U-E
昌吉州	3	7.1	14.86	11.78	31.61	34.66	A-C-U-E
伊犁州	4	6.44	22.72	8.22	31.77	30.86	A-U-E
塔城地区	8	5.28	13.23	10.65	32.77	38.08	A-U-E
阿勒泰地区	24	6.19	8.73	8.49	36.51	40.09	U-E
博尔塔拉州	38	6.42	5.21	12.23	37.79	38.35	R-A-U-E
巴音郭楞州	18	2.25	9.01	12.31	34.97	41.46	A-C-U-E
阿克苏地区	22	1.66	15.17	8.12	35.62	39.42	A-U-E
克孜勒州	50	5.99	2.87	5.66	43.53	41.95	U-E
喀什地区	14	3.16	17.85	5.47	33.84	39.67	A-U-E
和田地区	34	2.13	13.23	5.6	37.58	41.46	A-C-U-E

（1）双因素型。双因素型水贫困的驱动因素以使用维度和环境维度为主，包括金昌市（46）、白银市（49）、武威市（31）、张掖市（19）、平凉市（36）、酒泉市（25）、银川市（33）、石嘴山市（39）、吴忠市（30）、固原市（35）、中卫市（37）、西宁市（17）、海东市（51）、黄南州（44）、海西州（13）、吐鲁番市（52）、哈密市（48）、阿勒泰地区（24）、克孜勒州（50）。海西州、西宁市、张掖市等地区有国家的政策、技术、资金扶持，用水以农业用水为主，农业用水效率尚可，亩均灌溉用水量较高；农村节水灌溉技术需要进行推广并完善相应设施建设。基于此，这些区域想要解决水贫困发展的问题可以通过提高社会适应性能力的方法来实现。同时，这些区域的经济发展状况一般，生态环境没有受到较多人为破坏，因此环境维度优于其他地区。阿勒泰地区、酒泉市、吴忠市、武威市、银川市、固原市的水贫困得分情况位于中游，这些区域的水资源分配一般以农业用水为主，亩均灌溉用水量较高；然而与其他地区相比水资源量明显偏少，尤其以银川市为中心的河套平原，年缺水量达3亿立方米，且整个区域的水库数量偏少，导致调洪蓄水能力偏差。农田水利设施的缺乏导致了这些区域整体水贫困得分偏低。平凉市、中卫市、石嘴山市、黄南州、金昌市、哈密市、白银市、克孜勒州、海东市、吐鲁番市的农村经济发展水平普遍较低，集聚了全国大多数贫困地区。这些区域卫生条件差，政府且人均国内生产总值较低，科教水平低，社会适应性能力较差。同时，这些区域不仅农田水利设施缺乏，还缺乏建设、维修以及改造的资金来源。根据我们对这些区域政府水资源公报的总结，以甘肃省为例，其灌溉区域需要维修更新的水

利工程达到了2万顷，至于水库、基点灌溉设备面临的资金缺口更大。因此，受限于当地的经济发展水平，政府应加大对于农田水利设施的资金倾斜力度，同时提高社会适应性能力，以应对该区域的水资源短缺状况。

（2）三因素Ⅰ型。三因素Ⅰ型水贫困的驱动因素以资源维度、使用维度和环境维度为主，包括铜川市（29）、宝鸡市（10）、咸阳市（11）、汉中市（2）、榆林市（15）、安康市（6）、商洛市（5）、天水市（43）、庆阳市（21）、定西市（47）、陇南市（40）、临夏州（45）、甘南州（42）、海北州（41）、果洛州（20）、玉树州（26）。汉中市、商洛市、安康市、宝鸡市、咸阳市、榆林市以及果洛州这些区域大部分位于陕西省的关中平原区域，位于黄河流域的分支渭河覆盖区域。因此，以上地区的水资源禀赋较好、降水较为丰富，各产业用水供需矛盾较低，其生态环境也实现了可持续发展；同时这些区域位于关中灌区，农田水利设施状况较好。因此，这些区域的水贫困状况较好，在研究区域中的排名处于前列。庆阳市、玉树州、铜川市的经济和社会发展水平有限，科技教育水平亟待提高。这些地区的能力维度明显处于短板。值得一提的是，这三个地区的农业用水量较少，用水效率相对来说较高。因此，仍需加大对教育的投入力度，进一步提高节水灌溉效率，增强区域抗逆性能力。陇南市、海北州、甘南州、天水市以及临夏州主要分布于青海省和甘肃省。青海是我国主要河流的发源地，水资源储量异常丰富，但受水资源分布不均、技术水平差以及气候环境恶劣等因素的影响，对于水资源的利用能力严重不足；甘肃属于我国的干旱内陆区域，降水稀少，蒸发能力强，农业经济增长和人口增长对水资源的依赖性较强。然而农田水利设施的年久老化导致水资源短缺状况进一步恶化，与经济增长陷入了一种恶性循环的发展之中。该区域要靠努力提高经济发展水平，同时不能以损坏生态环境为代价来缓解农村地区的水贫困状况。

（3）三因素Ⅱ型。三因素Ⅱ型水贫困的驱动因素以能力维度、使用维度和环境维度为主，包括嘉峪关市（12）、乌鲁木齐市（32）、克拉玛依市（23）、石河子市（16）。嘉峪关市与石河子市的水资源禀赋较差，用水供需存在较大矛盾。以上四个地市的经济发展水平较好，农村人均GDP居前列，表明了具有较强社会生产能力，同时该区域的科技教育水平较高，农业用水的经济效率较好；乌鲁木齐市和克拉玛依市并未实现经济与环境的协调发展，一方面在经济发展过程中因为过度开发开采资源而不重视其可持续发展，进而产生了水土流失严重、生态用水缺失的问题。另一方面，乌鲁木齐的农村自来水覆盖率在省会中属于较低的水平，无论是储水设施还是供水设施都亟须进一步建设与维护。

（4）三因素Ⅲ型。三因素Ⅲ型水贫困的驱动因素以设施维度、使用维度和环境维度为主，包括伊犁州（4）、塔城地区（8）、阿克苏地区（22）和喀什地区（14）。尽管这些区域的水资源本底情况较差，但是其水资源设施水平较高，节水灌溉能力较好。因此，这些区域的农村水贫困得分较高。值得注意的是，这些地区的经济和社会发展水平有限，科技教育水平有待进一步提高，因此，为了促进这些地区农村水资源的进一步发展，仍需努力发展经济来提高区域抗逆能力。

（5）四因素Ⅰ型。四因素Ⅰ型水贫困的驱动因素以资源维度、能力维度、使用维度、环境维度为主，包括西安市（9）。西安市的水资源禀赋情况较好，年降水量也常年保持在一个稳定的水平线上。一方面，西安市通过农业节水灌溉技术推广来提高农业水资源利用效率，进而实现降低该区域农业用水供需矛盾的问题，但在另一方面该区域也依然存在着农业灌溉基础设施建设情况较差的问题。因此，西安市的农业灌溉设施仍需要进一步发展；在发展经济的同时，需要注意保护环境，以防止农业面源污染导致水质变差以及水土流失严重。

（6）四因素Ⅱ型。四因素Ⅱ型水贫困的驱动因素以资源维度、设施维度、使用维度和环境维度为主，包括渭南市（7）、延安市（1）、博尔塔拉州（38）。渭南市和延安市的水系发达，水资源丰富，降水量较稳定，与其他地区相比要好一些。需要注意的是，该区域无论是初等教育普及率还是高等教育普及率均不高。同时，从统计数据上来看，该区域的科技市场成交量仅占到全部人均生产总值很少的一部分，进而我们可以分析发现该区域在机制建设中仍然存在着由科技成果向生产力转换过程中缺失联动力的问题。同时，在水土流失治理增长速度等方面亦有较大的改进空间，相比之下，博尔塔拉州的农村水贫困得分在研究区域处于末端。一方面，该地区的经济发展能力较差，需要通过财政转移来提高政府的建设能力、国民生产能力和科学技术进步能力，进而解决水贫困问题。另一方面，该区域依然存在着二、三产业占比较低、工农业用水效率低下、城市人均绿地面积较低、生态环境治理保护管理缺失等问题。

（7）四因素Ⅲ型。四因素Ⅲ型水贫困的驱动因素以设施维度、能力维度、使用维度和环境维度为主，包括兰州市（27）、昌吉州（3）、巴音郭楞州（18）、和田地区（34）。昌吉州和巴音郭楞州的经济、社会、生态发展在新疆属于中上水平，因此在其发展过程中也不存在较差的因素。兰州市和和田地区由于存在着水资源禀赋差与人口较少的现象，因此它们虽属于生态缺水地区但不属于人口缺水地区。同时，农田水利设施年久失修、老化严重使得社会适应性能力较差，同时水土流失治理力度不够，导致沙化面积比重达35.2%。这些"短板"因素联合驱动了两个地区的农村水贫困严重。

第七节　本章小结

1. 基于西北地区各地市的相关面板数据，本书从城乡分割的视角，利用水贫困指数测度了中国西北地区 2000—2017 年 52 个地市的水资源发展状况，并将两者进行比较分析。2000—2017 年，城市水贫困得分在 0.118～0.443，城市水贫困程度整体上呈现出下降的趋势。农村水贫困得分在 0.146～0.352，农村水贫困程度整体上呈现出缓慢下降的趋势，各地市的水贫困值呈现出上升与下降逐年波动，稳中有升的趋势。相同区域内，城市和农村的水贫困在各个时期都存在很大差异，城市水贫困改善程度要远快于农村地区。

2. 我们运用核密度估计函数观察了城市水贫困和农村水贫困在 2000—2017 年的演化趋势。城市和农村水资源的发展在西北地区整体上呈现两极分化的趋势，随着时间的推移，两极分化现象已经开始缓解。然而城市水贫困和农村水贫困的形势依然严峻，低水平水贫困程度地区的数量要多于高水平水贫困程度地区。

3. 西北地区城市水贫困和农村水贫困的驱动因素的判断是本章研究的重点。在城乡水贫困值的基础上，本书运用最小方差法对城市水贫困和农村水贫困的驱动因素进行判定，旨在揭示西北地区 52 个地市区域间的空间演变及分异特征，同时可以给相应的地方政府提供因地制宜的水资源管理方案。研究表明，在本书所研究的西北地区 52 个地市中水贫困发展问题的共同驱动因素包括了使用维度及环境维度；各个地区的驱动类型在空间上呈现出明显的集聚现象。

>>> 第五章 西北地区城乡水贫困的失衡性研究

　　长期的"重城市轻农村"的发展战略在一定程度上导致了水资源情况恶化，制约着我国水土资源的进一步开发。随着我国城镇化率逐年攀升，资本、劳动力、资源以及技术等生产要素由农村向城市迅速转移（孙才志等，2016）。城乡之间的矛盾在时间、空间上越发凸显，严重阻碍西北地区城乡水资源系统的可持续发展。本章从城乡水资源系统协同演化机制分析入手，在城市水贫困值和农村水贫困值的基础上，全面测算城市水资源和农村水资源之间的发展失衡程度，并利用协同演化动力模型，进一步地探索我国西北地区城市和农村水资源系统协同演化状态及其现在处于演化的何种阶段，旨在为西北地区城乡水资源协同发展提供可行性建议。

第一节　问题的提出

　　随着水资源短缺日益严峻，全球各国将开发利用水资源提升到发展战略的高度。尽管中国是水资源大国，伴随人口的不断增长，由经济快速发展和环境恶化带来的水资源枯竭问题日益凸显，干旱等自然灾害频繁发生，城市水资源和农村水资源之间发展失衡的问题已经严重制约了我国经济的可持续发展。在全面掌握城乡水资源的失衡关系之前，有必要先把握城市水资源与农村水资源之间的内在联系。

　　根据共生理论与水贫困理论，可将城市水贫困与农村水贫困两个子系统分别分为资源、设施、能力、使用和环境等五个维度，在这五个维度的基础上来衡量城乡水资源系统的共生情况（孙才志等，2016）。城市水资源系统的发展为农村水资源系统的进一步改善提供了有利的条件保障，农村水资源系统的发展又在一定程度上为城市水资源系统的发展提供了支持，这应该是城乡水资源均衡发展的理想状态。然而在实际情况中，城市水资源系统和农村水资源系统围绕着投资、资源、基础设施以及政策等方面展开了全面的竞争，爆发了激烈的冲突。水资源如果被过度开发，城市水资源及农村水资源之间的矛盾就会被激化，会反向导致城市和农村两个系统在发展上互为障碍（孙才志等，2016；谢书玲等，2005），使城乡系统无法达到其理想的发展状态。因此，城市水资源和农村水资源统筹发展、协同共进，对我国落实城乡融合战略、实现城乡一体化发展至关重要。

城乡水资源系统协调发展，是整个西北地区经济和谐发展的最重要的推动力之一。如果从经济角度来看的话，城市水资源与农村水资源协同共进更是实现城乡融合、推进城乡一体化的重要途径。近年来，水资源城乡管理一体化、城乡水资源协调发展的思想逐渐受到国外学者的关注。Leach（2011）等不仅揭示了城乡水资源配置不合理的后果，也对城乡水资源的协同规划做出了讨论；Lehner 等（2011）从水资源禀赋这一视角深度论述了城乡水资源均衡发展的重要性。但也有学者持反对态度，比如，Danny 等（2010）认为城市的水资源与农村的水资源应该区别对待，强行将两者统一规划反而会起到适得其反的效果，因此，在进行合理的规划之前有必要弄清楚城市水资源和农村水资源之间的内在联系。前人的研究成果为本书奠定了很好的研究基础。基于此，本章从城乡水资源系统协同演化机制分析入手，对我国西北地区 52 个地市城市水资源和农村水资源之间的发展失衡关系进行全面分析，旨在为西北地区城乡水资源协同发展的规划制定提供可行性建议。

第二节　方法选择：共生模型

共生模型是由德国物理学家哈肯于 20 世纪 70 年代提出的，他借用了现代生物学中提出的植物与昆虫之间的相互依存的演化作用，利用协同学中的微观方法，将在一定外部条件下由系统之间相互作用而发生的演变过程用数学表达式进行描述。共生理论的核心原理是，为实现系统总目标，各二级系统之间在外界的资源、信息、资本、技术的作用下彼此间相互合作、共同努力而形成的一种宏观的集体效应。共生理论主要运用于不同系统间的序参量的识别，是指通过某个确定系统的序参量来构造共生方程，就可以求出共生系数，从而确定两个系统之间的共生关系。在分析西北地区城市资源和农村水资源的失衡关系时，亦可借用该研究思路（Wenxin et al.，2019）。通过分析西北地区城市水贫困值和农村水贫困值来确定主要作用参量，构造两两间的运动方程，求解后即可识别出西北地区城市水资源和农村水资源之间的失衡关系。

西北地区城乡水资源复合系统是由城市水资源系统和农村水资源系统共同构成的复杂系统，设指代城市水资源系统的城市水贫困为连续可导的函数 $X = X(t)$ 和指代农村水资源系统的农村水贫困为连续可导的函数 $Y = Y(t)$。依照共生模型确定的公式，我们建立了如下方程：

$$dX/dt = f_1(X, Y) = r_1 X (N_1 - X - \alpha_1 Y + \beta_1 Y)/N_1 \quad (5-1)$$

$$dY/dt = f_2(X, Y) = r_2 Y (N_2 - Y - \alpha_2 X + \beta_2 X)/N_2 \quad (5-2)$$

$$\alpha_1 + \beta_1 = \alpha_2 + \beta_2 = 1 \quad (5-3)$$

式中，N_1 和 N_2 分别表示城市水贫困和农村水贫困的极限值，这里取 $N_1 = N_2 = 1$；r_1 和 r_2 分别表示城市水贫困和农村水贫困的平均变化率。α 和 β 分别为城市水贫困和农村水贫困的促进因子和障碍因子。α_1 表示城市水贫困对农村水贫困产生的促进作用，而 β_1 则表示农村水贫困对城市水贫困产生的阻碍作用。同时，$\alpha_1 + \beta_1 = \alpha_2 + \beta_2 = 1$。此时，令 $f_1(X, Y) = 0$，$f_2(X, Y) = 0$，设 $\alpha_1 - \beta_1 = a_1$、$\alpha_2 - \beta_2 = a_2$，则可以得到 4 个定态解，即为：A_1（0，0），A_2（1，0），A_3（0，1），A_4（$\frac{1-\alpha_1}{1-\alpha_1 \alpha_2}$，$\frac{1-\alpha_2}{1-\alpha_1 \alpha_2}$），其中，系统不会稳定在定态解 A_1（0，0）的状态下；而定态解 A_2（1，0），A_3（0，1）又属于分别对应着系统 X 和系统 Y 的消亡状态，因此得出，前三种定态解属于不可取的解。综上所述，我们需要通过 A_4 解来判定城市水贫困和农村水贫困的共生系数，进而确定城乡水资源之间的失衡关系：冲突型、竞合型和协同型（表 5-1）。

表 5-1 共生类型划分标准

协同演化类型	参数	平稳条件
冲突型	$\alpha_1 > 0$，$\alpha_2 > 0$	$\alpha_1 \alpha_2 < 1$，$0 < \alpha_1 < 1$，$0 < \alpha_2 < 1$
竞合型	$\alpha_1 > 0$，$\alpha_2 < 0$ 或 $\alpha_1 < 0$，$\alpha_2 > 0$	$0 < \alpha_2 < 1$ 或 $0 < \alpha_1 < 1$
协同型	$\alpha_1 < 0$，$\alpha_2 < 0$	$\alpha_1 \alpha_2 < 1$

"冲突型城乡水资源关系"是指城市水资源和农村水资源之间在发展空间、管理政策、生产要素等方面都存在显著的竞争。同时，城市的用水量需求不断激增且有大量的水资源遭到污染，这进一步导致了农村的水资源结构及功能遭到严重的破坏；反过来，农村的水资源短缺又将会导致城市用水的供给产生不足，城市的水资源则进一步受到农村水资源实施的"报复"；"协同型城乡水资源关系"是指城乡水资源的互补性、经济的关联性和产业的互动性都受到了一定程度的重视，城乡水资源之间相互促进、共同发展；"竞合型城乡水资源关系"则介于"冲突型城乡水资源关系"与"协同型城乡水资源关系"之间，主要表现为城市优先关系和农村优先关系。

第三节 城乡水贫困的共生演化机制

根据自组织理论的观点，我们可以将城乡水资源系统看作一个开放的循环系统。对城乡水资源系统的协同演化机制我们可以归纳为以下三个方面：

第一，开放性。城市—农村系统的根本驱动力是来源于其系统内部的增长机制，系统需要与外界环境进行资源、信息等的交流沟通，进一步通过共同的作用，使城市水资源系统和农村水资源系统的水资源要素分配和相互协同发展的机制发生改变，城市—农村系统之间的相互作用要求城乡水资源系统之间相互必须是开放的。

第二，非平衡性。城市—农村系统所包含的各个二级系统是多种多样的，每一个二级系统都处在不断变化的状态之中，同时，每一个二级系统下的变量也处于多层次的变化状态中，那么，当其中一个二级系统变化为均衡状态时，它就会被其他的二级系统影响，转入下一个协同演变的阶段（郑树旺和边小涵，2016）。综上所述，城市—农村系统则始终处于一种"非平衡"的状态。我们所探究的一般均衡理论所得出的均衡解是建立在理想化假设基础之上的，在实际操作中，城市—农村系统是一个相当复杂的系统，很难出现假设下的绝对意义的均衡，即非平衡状态。

第三，非线性的相互作用。城市—农村系统是一个相当复杂的系统，这个系统中又包含了很多个二级系统，而这些二级系统之间也一样存在着密切的联系，每一个二级系统不仅服务于"城市—农村整体生态体系"，也服务于其他层次中的二级系统的一支，这些系统之间的相互作用非常复杂，所以只用简单的线性关系无法表示出每一个二级系统之间的关系，这是由于城市—农村系统内部的每一个要素之间存在的非线性的相互作用情况而产生的。因此，每一个变量不确定性的变化及其发展方向只有使用非线性的关系才能表达清楚。每一个二级系统下的变量之间都存在着"潮起潮落"。这种"潮起潮落"可以促使城市—农村系统从"无序的状态"向"有序的状态"不断演化，每一个变量的非平衡状态都可以决定城市—农村系统"潮起潮落"现象的出现。城市—农村系统每一个子系统中变量的不断变化是该系统可以不断进行演化发展的内在驱动力，在城市—农村系统不断发展的过程中，其中只要有任何一个变量处于非平衡状态都可以促使整个系统的协同演进。

第四节　城乡水贫困的失衡关系分析

我们利用遗传算法可以估计出西北地区城市水贫困和农村水贫困的模型参数（表5-2和表5-3），进而依据表5-1的类型划分，判定出西北地区城市水资源和农村水资源之间的关系类型。由表可知，城乡水资源系统演化在区域之间存在着显著地差异。依据上文的判定标准，我们可以将城乡水资源之间的关系分为三种类型：协同型、竞合型（城市优先型与农村优先型）以及冲突型。与农村地区水资源系统相比，大部分城市地区水资源系统的合作系数不同，城市—农村的合作强度存在显著的不平衡。值得注意的是，绝大多数城市水资源和农村水资源之间的绝对合作系数 a_1 并不等于农村水资源和城市水资源之间的绝对合作系数 a_2。例如，西安的城市水资源和农村水资源的合作系数为 0.703 3（表 5-2），而农村水资源和城市水资源的合作系数为 0.618 1。出现这种情况的主要原因是城市地区与农村地区发展不平衡。农村地区发展状况相对于城市地区发展状况较为的弱势，降低了农村水资源系统对城市水资源系统的竞争系数，因此就进一步造成了城市水资源系统对农村水资源系统的挤出效应。

表 5-2　西北地区城乡水贫困的共生参数（一）

地区	a	a_1	b_1	b	a_2	b_2	HZ	JZ
西安市	0.406 6	0.703 3	0.296 7	0.236 2	0.618 1	0.381 9	0.660 7	0.339 3
铜川市	−0.026 6	0.486 7	0.513 3	0.174 0	0.587 0	0.413 0	0.536 85	0.463 15
宝鸡市	−0.022 2	0.488 9	0.511 1	0.631 0	0.815 5	0.184 5	0.652 2	0.347 8
咸阳市	−0.201 0	0.399 5	0.600 5	0.911 0	0.955 5	0.044 5	0.677 5	0.322 5
渭南市	0.064 7	0.532 4	0.467 6	−0.520 2	0.239 9	0.760 1	0.386 15	0.613 85
延安市	−0.555 9	0.222 1	0.777 9	−0.337 1	0.331 4	0.668 6	0.276 75	0.723 25
汉中市	−0.757 2	0.121 4	0.878 6	0.403 9	0.701 9	0.298 1	0.411 65	0.588 35
榆林市	0.354 0	0.677 0	0.323 0	−0.041 6	0.479 2	0.520 8	0.578 1	0.421 9
安康市	−0.520 0	0.240 0	0.760 0	−0.408 0	0.296 0	0.704 0	0.268	0.732
商洛市	−0.031 6	0.484 2	0.515 8	−0.745 4	0.127 3	0.872 7	0.305 75	0.694 25
兰州市	−0.034 5	0.482 7	0.517 3	−0.718 2	0.140 9	0.859 1	0.311 8	0.688 2
嘉峪关市	0.227 5	0.613 8	0.386 2	0.394 9	0.697 4	0.302 6	0.655 6	0.344 4
金昌市	−0.111 2	0.444 4	0.555 6	−0.571 4	0.214 3	0.785 7	0.329 35	0.670 65
白银市	0.113 4	0.556 7	0.443 3	−0.962 3	0.018 8	0.981 2	0.287 75	0.712 25
天水市	0.223 4	0.611 7	0.388 3	−0.119 9	0.440 1	0.559 9	0.525 9	0.474 1
武威市	0.920 6	0.960 3	0.039 7	0.151 6	0.575 8	0.424 2	0.768 05	0.231 95
张掖市	−0.894 0	0.053 0	0.947 0	0.070 8	0.535 4	0.464 6	0.294 2	0.705 8
平凉市	−0.717 4	0.141 3	0.858 7	0.629 9	0.815 0	0.185 0	0.478 15	0.521 85
酒泉市	−0.037 2	0.481 4	0.518 6	−0.682 8	0.159 8	0.842 6	0.320 6	0.680 6
庆阳市	−0.299 0	0.319 0	0.618 0	−0.177 9	0.411 1	0.588 9	0.365 05	0.603 45
定西市	0.354 6	0.677 3	0.322 7	0.141 2	0.570 6	0.429 4	0.623 95	0.376 05

（续）

地区	a	a_1	b_1	b	a_2	b_2	HZ	JZ
陇南市	−0.408 4	0.295 8	0.704 2	0.669 2	0.834 2	0.165 0	0.565	0.434 6
临夏州	0.425 8	0.712 9	0.287 1	−0.068 0	0.466 0	0.534 0	0.589 45	0.410 55
甘南州	−0.632 6	0.183 7	0.816 3	−0.224 6	0.387 7	0.612 3	0.285 7	0.714 3
银川市	−0.534 6	0.232 7	0.767 3	−0.005 3	0.497 4	0.502 6	0.365 05	0.634 95
石嘴山市	−0.481 0	0.259 5	0.740 5	−0.692 5	0.153 7	0.846 3	0.206 6	0.793 4
吴忠市	−0.774 2	0.112 9	0.887 1	−0.530 1	0.234 9	0.765 1	0.173 9	0.826 1
固原市	−0.517 8	0.241 1	0.758 9	0.328 4	0.664 2	0.335 8	0.452 65	0.547 35
中卫市	0.141 7	0.570 9	0.429 1	0.279 3	0.639 7	0.360 3	0.605 3	0.394 7
西宁市	0.207	0.603 5	0.396 5	−0.088	0.456 0	0.544	0.529 75	0.470 25
海东州	−0.055 4	0.472 3	0.527 7	0.19	0.595 0	0.405	0.533 65	0.466 35
海北州	−0.208 8	0.395 6	0.604 4	0.314 4	0.657 2	0.342 8	0.526 4	0.473 6
黄南州	0.396 6	0.698 3	0.301 7	0.664 2	0.832 1	0.167 9	0.765 2	0.234 8

表 5 - 3　西北地区城乡水贫困的共生参数（二）

地区	a	a_1	b_1	b	a_2	b_2	HZ	JZ
海南州	−0.733 6	0.133 2	0.866 8	0.065 2	0.532 6	0.467 4	0.332 9	0.667 1
果洛州	0.787 2	0.893 6	0.106 4	−0.538	0.231 0	0.769	0.562 3	0.437 7
玉树州	0.326 6	0.663 3	0.336 7	0.469	0.734 5	0.265 5	0.698 9	0.301 1
海西州	−0.491 4	0.254 3	0.745 7	0.725 2	0.862 6	0.137 4	0.558 45	0.441 55
乌鲁木齐市	−0.402 4	0.298 8	0.701 2	0.308	0.654 0	0.346	0.476 4	0.523 6
克拉玛依市	−0.367 6	0.316 2	0.683 8	0.605 2	0.802 6	0.197 4	0.559 4	0.440 6
石河子市	0.072	0.536	0.464	0.390 8	0.695 4	0.304 6	0.615 7	0.384 3
吐鲁番市	0.348 4	0.674 2	0.325 8	−0.093	0.453 5	0.546 5	0.563 85	0.436 15
哈密市	−0.589 4	0.205 3	0.794 7	0.808 6	0.904 3	0.095 7	0.554 8	0.445 2
昌吉州	−0.792 8	0.103 6	0.896 4	−0.397 6	0.301 2	0.698 8	0.202 4	0.797 6
伊犁州	0.273 8	0.636 9	0.363 1	−0.553	0.223 5	0.776 5	0.430 2	0.569 8
塔城地区	0.200 6	0.600 3	0.399 7	−0.681 2	0.159 4	0.840 6	0.379 85	0.620 15
阿勒泰地区	−0.913 6	0.043 2	0.956 8	−0.126 6	0.436 7	0.563 3	0.239 95	0.760 05
博尔塔拉州	−0.291 4	0.354 3	0.645 7	−0.929	0.035 5	0.964 5	0.194 9	0.805 1
巴音郭楞州	0.133	0.566 5	0.433 5	−0.887 6	0.056 2	0.943 8	0.311 35	0.688 65

（续）

地区	a	a_1	b_1	b	a_2	b_2	HZ	JZ
阿克苏地区	-0.7934	0.1033	0.8967	0.374	0.6870	0.313	0.39515	0.60485
克孜勒苏州	-0.7346	0.1327	0.8673	-0.0128	0.4936	0.5064	0.31315	0.68685
喀什地区	-0.3754	0.3123	0.6877	-0.4844	0.2578	0.7422	0.28505	0.71495
和田地区	-0.7386	0.1307	0.8693	-0.6958	0.1521	0.8479	0.1414	0.8586

一、协同型区域

协同型区域主要包括延安市、安康市、商洛市、兰州市、金昌市、酒泉市、庆阳市、甘南州、银川市、石嘴山市、吴忠市、阿勒泰地区、博尔塔拉州、克孜尔苏州、喀什地区以及和田地区。其中，延安市、安康市、商洛市、兰州市、金昌市、酒泉市、庆阳市、甘南州、银川市、克孜尔苏州、喀什地区等地区，经济条件和资源禀赋较好，城市水资源和农村水资源的发展呈现出互利共赢的局面。石嘴山市、吴忠市、阿勒泰地区、博尔塔拉州、和田地区受经济社会基础和自然条件的制约，城市水资源和农村水资源的发展相对缓慢，呈现出"双输"的局面。

二、竞合型区域

竞合型区域主要分为农村优先区域和城市优先区域。农村优先区域包括渭南市、榆林市、白银市、天水市、临夏州、西宁市、果洛州、吐鲁番市、伊犁州、塔城地区、巴音郭楞州。在本区域，当政府加大对经济和水资源的投入时，只会改善农村的水资源状况。也就是说农村—城市的竞争因子会高于城市—农村的竞争因子。这里我们以渭南市为例进行分析，渭南市是一个农业地区，农业用水量很高。它显著的气候特征是干旱少雨。由于水资源短缺，生态环境系统脆弱。因此，为了保持农村地区的稳定发展，水资源被优先分配至农村地区。城市优先区域包括铜川市、宝鸡市、咸阳市、汉中市、张掖市、平凉市、陇南市、固原市、海东州、海北州、海南州、海西州、乌鲁木齐市、克拉玛依市、哈密市、昌吉州、阿克苏地区。在本地区，当政府加大对经济和水资源的投入时，只会改善城市的水资源状况。也就是说城市—农村的竞争因子会高于农村—城市的竞争因子。这里我们以铜川市为例进行分析，随着经济和社会的发展，用水量激增。工业的快速发展不仅导致了地下水污染严重，也有相当一部分的农村水资源被用于城市，从而导致农村水贫困的进一步恶化。

三、冲突型区域

冲突型区域主要包括西安市、嘉峪关市、武威市、定西市、中卫市、黄南市、玉树州、石河子市。在这些地区，城乡水资源竞争无序、生产要素分配失调以及水资源管理政策无效。这种情况下，城市—农村的合作因子与农村—城市的合作因子、城市—农村的竞争因子与农村—城市的竞争因子之间失去效用。城市水资源的改善会导致农村水资源的恶化。但是，城市水资源也会受到农村水资源的"报复"。

综上，本书运用遗传算法对参数进行估计得到的参数值可以明确反映出西北地区城乡水资源和农村水资源的失衡类型。在本书的研究区域中，52个地市中有36个地市存在明显的竞争和矛盾，另外16个地市从参数上看是协同型区域，然而，其中有5个地区处于低水平的协同阶段，城市水资源系统与农村水资源系统处于协同型是因为两者均属于低水平的发展状况。另外，36个地市中的11个地市表示为农村优先区域，17个地市表示为城市优先区域，8个地市表示为冲突区域。因此，基于城市—农村的共生系数反映出西北地区城市水资源和农村水资源的发展失衡关系的总体形势不容乐观。近70%的地区仍处于相互制约或孤立发展阶段，这些地区的城乡水资源之间的不平等关系导致了即使采取政策也只会单方面的改善城市地区或者农村地区，甚至出现政策无效性的情况。这种政策既不会产生联动效应，也不会得到对方的反馈，从而使得城乡水资源无法形成有效的协调发展。特别是以牺牲农村水资源来满足城市的用水需求的区域占总区域的1/3，这与我国西北地区当前"城市挤压农村用水"的现实是一致的。

第五节 本章小结

本章对西北地区城市水资源和农村水资源之间发展关系的内涵进行了解析，指出城市—农村水资源系统具备开放性、非平衡线性以及非线性等特征。在此基础上，我们对西北地区城市水资源和农村水资源协同发展驱动的共生模型构建进行了全面分析，从逻辑斯蒂曲线及序参量演化方程两方面简述了共生模型，并明确了在参数基础上的类型划分。实证结果表明西北地区城市—农村水资源系统的演化类型分为三种：协同型、竞合型（城市优先型与农村优先型）以及冲突型。城市—农村的合作强度存在显著的不平衡。研究区域的52个地市中有36个地市存在明显的竞争和矛盾，另外16个地市从参数上看是协同型区域，然而，其中有5个地区处于低水平的协同阶段。这表明西北地区城市水资源和农村水资源的发展失衡关系的总体形势不容乐观。近70%的地区仍处于相互制约或孤立发展阶段，这些地区的城乡水资源之间的不平等关系导致了即使采取政策也只会单方面的改善城市地区或者农村地区，甚至出现政策无效性的情况。共生系数反映了西北地区城市水资源和农村水资源发展关系的类型和趋势，对缓解西北地区城乡水资源矛盾的政策制定具有重要的参考价值。

第六章 西北地区城乡水贫困的滞后性及时间演化

第一节 问题的提出

水资源短缺是 21 世纪人类面临的最严峻的挑战之一，而缓解水资源短缺程度的有效措施之一就是实现水资源在城乡之间的合理分配（Shuval，1992）。在农业用水、工业用水、生活用水、生态用水四大类型中，农业用水占据了绝大部分比重。根据中国统计年鉴上的数据，2000 年中国西北地区总用水量为 790.4 亿立方米，其中农业用水为 682.1 亿立方米，工业用水量为 45.3 亿立方米，生活用水量为 37.7 亿立方米，生态用水量为 25.3 亿立方米，农业用水量占西北地区总用水量的 86.3%，这也就意味着，中国西北地区早期农业用水量处于一个比较高的水平；而改革开放 30 年之后，随着城市迅速发展与人口增长，工业用水与城市生活用水激增，到 2017 年，中国西北地区总用水量为 813.3 亿立方米，其中农业用水为 662.3 亿立方米，工业用水量为 63.2 亿立方米，生活用水量为 58.7 亿立方米，生态用水量为 29.1 亿立方米，农业用水量占西北地区总用水量的 81.4%。整体上可以看出，在总用水量轻微上升的前提下，农业用水量呈下降趋势，工业用水量、生活用水量以及生态用水量上升幅度较大，这表明了城乡水资源之间的矛盾严重。关于城乡水资源之间所存在的发展不均衡的问题一直是学术界探讨的热点。现有研究主要集中于城乡水资源配置、城乡水资源管理方面，对于城市水资源与农村水资源关系的研究，国内外尚未形成统一的结论。他们大多是运用线性回归等方法来分析城市水资源量与农村水资源量的曲线形状，进而研究水资源在城乡之间的分配（World Bank，1993）。而本书认为水资源评价是一个广义的概念，它不仅仅评价水资源量也应包括供水能力以及用水能力。而现有研究不仅忽略这方面的评价，也忽略了城市水资源与农村水资源的关系随时间变化的趋势。

城市水资源系统与农村水资源系统之间有着复杂的互动和关联关系。在我国城乡分割的背景下，在经济发展初期，城市必然要挤占农村水资源，城市水资源会导致农村水资源发展压力的增大；这是由于在城市水资源系统发展的初级阶段，农村的资本、技术、劳动力以及资源等要素向城市不断地流动促进了城市经济的迅速发展，也导致了大量的水资源在经济增长过程中被消耗，在城市用水无法满足生产、生活的背景下，向农村要水也就成了必然的选择。同时，由于地球上的资源是有限的，经济发展的上一阶段中农村水资源的消耗被挤占必然会对下一阶段经济增长中的农村水资源消耗产生影响，农村水资源的恶化在相当长的一段时间内，很难得到缓解；当经济增长超过一定临界值后，农村水资源系统面临的压力会相应减小（王泽宇等，2017）。这是由于城市的经济增长与技术进步互相促进，对农村水资源系统产生了正向的反馈作用。因此，从中长期来看，在技术进步、经济增长方式不断转变、产业结构不断优化以及政府环境规制更加清晰的共同作用下，农村的水资源短缺情况会在达到一个峰值后逐渐出现改善的趋势，并最终停在城乡水资源均衡发展的良性状态。将脱钩理论运用到水资源评价中时，意味着城市水资源和农村水资源之间的紧密联系被打破（王泽宇等，2017）。那么，实现城市水贫困与农村水贫困之间的"脱钩"则主要是指：在社会经济发展的过程中，城市水资源与农村水资源之间的依赖程度将从"高度相关"改善到"弱相关"，相关程度在这一过程中不断减弱，最后，呈现出不相关或者逆相关的态势。

研究西北地区城乡水贫困之间的脱钩关系，对实现西北地区的城乡水资源可持续发展具有重大意义。本书引入 Tapio 脱钩理论和改进的弹性分析法对2000—2017 年中国西北地区 52 个地市城市水贫困与农村水贫困之间的脱钩情况进行研究，旨在揭示城市水资源系统与农村水资源系统之间脱钩关系的时空格局演变规律与区域差异，可以有效地识别出城市与农村的主导地位，从而为实现城乡水资源的良性均衡发展提供科学依据。同时，本书采用动态平滑系数回归模型，把代表城市水资源系统的城市水贫困值与代表农村水资源系统的农村水贫困值看作变量，对未来五年的城乡水资源失衡程度进行模拟预测，得出的结果对水资源管理政策的制定具有很好的参考价值。

第二节　方法选择：脱钩模型

脱钩弹性系数测算是 Tapio 最初基于交通设施与经济增长之间的相关关系提出的，也被称为 Tapio 模型（苑清敏等，2014）。Tapio 模型是主要基于两个时间点内相对变化率考虑的模型，即通过分析两点间的弹性来确定两个系统之间的脱钩关系（王泽宇等，2017）。具体公式如下：

$$\gamma = \frac{\Delta U/U}{\Delta R/R} = \frac{(U_{End} - U_{Start})/U_{Start}}{(R_{End} - R_{Start})/R_{Start}}$$

式中，γ 为脱钩弹性系数；ΔU 为城市水贫困值的变化状况；U 为第 i 时期的城市水贫困程度；ΔR 为农村水贫困值的变化状况；R 为第 i 时期的农村水贫困程度；U_{Start}、U_{End} 为第 i 时期第一年和最后一年的城市水贫困程度；R_{Start}、R_{End} 为第 i 时期第一年和最后一年的农村水贫困程度；城市水贫困程度变化率与农村水贫困程度变化率之比即表征城市水贫困与农村水贫困的变化状态，可以用来判定城市水资源和农村水资源之间的滞后程度（Nardo et al.，2005）。

考虑到西北地区城市水贫困与农村水贫困的波动情况，ΔU 和 ΔR 必然会出现分别大于 0 和小于 0 的情况，这里我们参考苑清敏（2014）和张宏武（2014）的划分标准，以 0 和 1 为分界点，依据 γ 的不同取值，我们可以将两个变量之间脱钩情况的类型分为六类，表 6-1 反映了城市水贫困与农村水贫困脱钩理想程度，强脱钩的状态最理想，强负脱钩的状态最不理想，具体等级划分如表 6-1 所示。

表 6-1　脱钩类型判定标准

脱钩类型	判定标准			脱钩含义
	ΔU	ΔE	γ	
强脱钩	<0	>0	$\gamma<0$	城市水资源发展，农村水资源同步发展
弱脱钩	>0	<0	$0 \leqslant \gamma < 1$	城市水资源发展，农村水资源轻微的负面影响
衰退脱钩	<0	<0	$\gamma \geqslant 1$	城市水资源退步，农村水资源大幅发展
扩张负脱钩	>0	>0	$\gamma>1$	城市水资源缓慢发展，农村水资源大幅退步
弱负脱钩	<0	<0	$0 \leqslant \gamma < 1$	城市水资源退步，农村水资源缓慢发展
强负脱钩	>0	<0	$\gamma<0$	城市水资源退步，农村水资源同步退步

第三节　城乡水贫困的脱钩关系分析

结合第四章本书所测算出的城市水贫困得分以及农村水贫困得分，依据脱钩弹性系数测算公式及表 6-1 中的脱钩类型划分标准，对 2000—2017 年中国西北地区城乡水资源的脱钩关系进行总体评价，得到西北地区城市水贫困与农村水贫困的脱钩程度。西北地区城乡水贫困脱钩情况如表 6-2 至表 6-5 所示。

表 6 - 2　西北地区城乡水贫困脱钩情况（一）

地区	2001 年	2002 年	2003 年	2004 年	2005 年	2006 年	2007 年	2008 年	2009 年
西安市	0.439	44.365	1.139	0.648	2.795	3.302	1.352	0.057	2.308
铜川市	0.689	5.114	1.202	0.578	0.645	7.158	−1.268	−43.727	1.204
宝鸡市	−1.939	1.922	1.367	0.145	1.119	0.029	1.66	−0.456	2.55
咸阳市	1.619	4.549	1.102	0.785	−0.433	4.372	−0.095	−0.282	−0.212
渭南市	1.035	11.105	1.069	0.595	0.978	0.087	−2.136	−0.8	−0.669
延安市	1.294	2.394	5.504	0.306	7.446	2.058	3.274	0.109	0.458
汉中市	0.735	4.824	0.366	−2.898	0.548	0.81	0.939	1.009	−0.131
榆林市	0.558	−1.265	0.996	0.375	1.261	1.281	−0.024	2.695	−0.051
安康市	1.111	−2.76	1.147	0.299	0.521	1.171	2.078	1.54	0.023
商洛市	2.683	−0.515	0.945	0.433	23.451	0.477	0.524	−0.064	0.649
兰州市	42.427	0.822	−1.162	−0.196	7.615	10.392	−0.467	−1.556	−1.537
嘉峪关市	−0.608	−4.363	5.144	0.419	−0.537	0.364	−0.951	0.047	1.753
金昌市	9.986	14.3	−23.711	−4.006	5.528	−0.946	6.487	0.056	−0.369
白银市	−12.406	6.302	−55.447	−0.076	−13.551	−0.575	1.107	−2.55	1.367
天水市	−17.88	−0.708	−29.532	0.5	0.72	−0.281	3.267	0.37	−7.893
武威市	1.42	0.717	−88.637	−1.7	−1.867	0.287	5.059	0.29	1.681
张掖市	130.469	1.528	−64.474	−0.141	−1.548	−8.936	1.586	−1.388	6.415
平凉市	272.017	1.739	−27.973	2.038	2.971	−0.589	11.124	0.671	−5.341
酒泉市	13.251	14.062	−42.866	−0.734	−24.722	0.56	5.534	0.473	−2.996
庆阳市	311.498	−2.594	4.459	0.306	3.158	0.003	1.303	0.045	3.095
定西市	19.446	0.743	18.14	0.694	0.489	0.229	11.833	4.286	−1.543
陇南市	1.37	0.778	−36.636	1.326	1.245	−0.792	−0.183	−0.492	2.718
临夏州	−15.069	1.587	30.392	0.296	1.479	−1.551	−0.373	0.053	−0.197
甘南州	2.711	0.32	−31.746	1.287	2.657	2.041	1.409	1.054	−0.214
银川市	−1.089	0.648	−0.647	−2.685	0.523	0.536	−1.784	3.217	1.751
石嘴山市	−0.987	1.182	19.194	−8.106	2.031	2.347	2.294	1.899	0.769
吴忠市	44.408	−5.637	−3.386	−5.712	0.964	−15.118	1.986	0.616	−7.902
固原市	106.459	56.422	0.741	0.085	−5.768	0.659	−0.739	0.624	0.795
中卫市	3.1	1.151	−0.843	−0.105	−0.395	−0.034	0.522	−1.512	3.711
西宁市	15.35	−7.98	1.246	−0.039	−1.285	0.362	−1.012	−0.568	−2.649
海东州	62.034	−6.485	1.939	0.37	−0.884	4.899	1.549	2.514	0.322
海北州	14.053	−3.17	1.505	−0.737	2.181	−1.002	−0.468	−1.277	0.122
黄南州	−7.439	−2.539	1.743	−0.964	−16.14	−3.595	19.232	5.84	−100.5

表 6 - 3　西北地区城乡水贫困脱钩情况（二）

地区	2001 年	2002 年	2003 年	2004 年	2005 年	2006 年	2007 年	2008 年	2009 年
海南州	18.644	−0.558	1.942	0.257	−1.423	9.847	−9.96	1.035	2.753
果洛州	−29.07	0.686	1.517	−2.262	−43.315	14.604	2.456	0.936	14.896
玉树州	58.628	−4.786	−102.385	2.024	20.191	−6.965	−1.978	0.926	3.414
海西州	18.027	2.49	−1.851	−0.893	−36.499	−0.816	−0.369	5.844	0.759
乌鲁木齐市	3.167	0.194	−34.558	4.742	0.753	1.941	0.51	−0.489	1.121
克拉玛依市	0.217	−1.535	−0.142	−2.764	−44.655	0.831	5.287	−4.479	1.729
石河子市	−0.761	23.577	−1.618	2.066	−1.483	−10.365	9.724	−1.064	1.222
吐鲁番市	0.38	−0.718	0.131	−2.116	−1.001	3.869	−1.669	−0.096	−0.526
哈密市	−1.456	−1.034	3.63	−1.759	32.094	−2.269	1.554	−1.994	−9.26
昌吉州	−2.923	1.698	1.305	3.484	−2.769	18.484	−3.433	1.737	0.333
伊犁州	0.752	0.973	0.76	0.121	0.082	−2.144	3.748	2.639	0.645
塔城地区	1.803	0.819	0.667	6.127	2.271	22.804	1.621	1.859	0.322
阿勒泰地区	0.552	−0.072	0.556	−10.208	7.887	−138.425	6.03	0.479	−0.111
博尔塔拉州	1.383	1.612	−1.058	3.326	−2.417	23.866	−11.029	0.193	0.286
巴音郭楞州	0.479	−0.018	1.557	0.261	−1.041	2.938	1.826	−0.072	0.129
阿克苏地区	0.554	330.818	4.311	3.426	3.594	8.675	5.21	0.405	−0.42
克孜勒苏州	0.051	0.547	0.597	1.22	−0.87	6.656	−2.411	5.411	−2.474
喀什地区	3.717	−0.189	1.574	0.418	2.866	−23.153	1.147	0.104	0.04
和田地区	12.105	−8.556	2.855	0.689	5.019	−16.173	6.397	−1.617	2.325

表 6 - 4　西北地区城乡水贫困脱钩情况（三）

地区	2010 年	2011 年	2012 年	2013 年	2014 年	2015 年	2016 年	2017 年
西安市	−1.33	0.849	0.041	1.853	0.549	8.566	−0.529	1.305
铜川市	−1.22	1.061	0.489	0.13	−2.237	0.394	1.295	0.539
宝鸡市	9.711	0.058	0.644	−2.048	0.592	0.584	6.385	0.971
咸阳市	11.414	0.63	0.397	−11.665	0.523	−5.723	0.221	1.005
渭南市	1.351	1.213	0.48	0.565	0.506	0.355	1.314	1.588
延安市	0.474	0.968	−0.497	0.909	0.771	0.781	1.169	1.19
汉中市	−0.714	0.767	0.839	8.237	0.952	−0.467	0.704	0.9
榆林市	0.825	−0.379	1.11	−0.614	1.778	6.968	4.007	−1.097
安康市	1.218	0.554	0.186	1.159	0.328	−5.67	−0.198	1.311

（续）

地区	2010 年	2011 年	2012 年	2013 年	2014 年	2015 年	2016 年	2017 年
商洛市	−3.064	0.448	0.476	1.207	0.571	0.61	2.724	2.366
兰州市	−4.136	0.594	6.594	28.061	1.793	1.227	1.197	3.24
嘉峪关市	−0.463	5.323	0.645	−0.191	0.117	3.762	−1.545	−50.761
金昌市	−7.815	−10.279	−76.701	−0.012	0.028	−3.601	2.85	−1.286
白银市	0.538	1.405	7.713	0.072	0.183	1.738	0.227	−0.646
天水市	34.243	1.671	−1.876	3.303	1.238	−9.849	−5.271	0.854
武威市	6.062	1.981	10.962	0.086	0.074	1.847	1.464	0.424
张掖市	−29.385	0.727	3.381	−0.154	0.248	3.791	0.084	0.303
平凉市	1.262	−17.81	−1.77	1.432	0.464	6.582	−2.057	1.079
酒泉市	2.516	20.696	6.67	−0.097	0.055	−15.375	1.182	21.494
庆阳市	1.978	−20.766	16.424	0.997	0.551	2.037	1.26	0.801
定西市	−15.789	2.032	2.058	−1.202	−0.312	2.346	2.622	0.603
陇南市	−33.765	0.955	1.368	1.646	0.736	6.692	1.28	0.55
临夏州	15.714	−4.074	1.724	−0.101	0.154	1.47	1.301	−3.223
甘南州	−0.139	2.527	0.957	−1.086	0.913	1.724	0.957	1.292
银川市	−1.039	−140.691	1.031	1.164	−9.98	9.912	1.801	1.59
石嘴山市	5.019	35.611	−0.894	0.995	0.997	−0.433	0.954	0.845
吴忠市	−1.251	4.912	2.279	1.698	1.012	3.942	1.032	1.38
固原市	3.091	2.091	1.299	0.157	−0.724	0.392	0.829	0.35
中卫市	−13.528	0.79	2.217	1.34	0.985	−3.339	−1.378	2.32
西宁市	0.404	11.515	0.527	−7.4	−0.029	0.794	1.017	1.092
海东州	0.851	7.85	−0.592	2.447	0.915	0.608	1.1	0.274
海北州	0.52	−15.038	−5.341	95.957	0.971	1.192	2.054	−175.851
黄南州	−1.282	1.957	3.054	3.463	0.691	1.718	1.078	−11.083

表 6－5　西北地区城乡水贫困脱钩情况（四）

地区	2010 年	2011 年	2012 年	2013 年	2014 年	2015 年	2016 年	2017 年
海南州	−0.253	730.646	0.751	0.168	1.197	−3.211	1.281	−0.343
果洛州	0.451	2.523	1.183	4.812	6.226	3.64	1.088	3.322
玉树州	1.892	−0.15	−11.128	−2.109	2.481	1.094	0.863	2.292

（续）

地区	2010年	2011年	2012年	2013年	2014年	2015年	2016年	2017年
海西州	−12.152	−2.785	−3.295	−0.717	0.303	−0.223	1.858	1.504
乌鲁木齐市	−0.224	3.873	19.7	0.93	2.125	2.334	1.394	−4.114
克拉玛依市	0.49	1.118	3.196	1.137	−3.271	3.7	0.718	−0.282
石河子市	0.268	2.023	−4.579	5.111	5.829	3.054	0.306	15.075
吐鲁番市	−2.933	0.789	−1.654	39.345	3.199	0.511	6.714	−8.018
哈密市	1.696	0.532	−2.037	3.465	1.837	0.689	−5.735	−0.338
昌吉州	0.254	0.247	−0.03	0.794	4.029	0.222	0.698	5.918
伊犁州	0.817	0.9	−1.131	1.427	0.936	0.71	0.682	−0.141
塔城地区	0.603	−42.749	−0.266	0.656	−0.772	1.06	0.423	0.369
阿勒泰地区	0.499	−18.106	−0.927	4.09	0.764	1.169	0.451	12.991
博尔塔拉州	2.423	0.151	−0.063	1.05	0.084	−1.284	16.258	1.703
巴音郭楞州	0.904	1.927	0.946	−0.197	0.949	1.018	−1.058	0.438
阿克苏地区	0.875	2.26	−0.561	0.416	51.581	0.193	−0.444	0.259
克孜勒苏州	0.808	1.191	2.863	−0.119	3.018	3.218	0.95	−13.816
喀什地区	1.173	−24.67	−0.738	0.648	0.969	0.859	0.435	−0.276
和田地区	2.067	3.444	1.601	1.654	2.512	−2.457	0.574	0.587

由于我们是以 2000 年的水贫困得分为基期，故而我们计算出的年份是从 2001 年开始。2001 年，在西北 52 个地区中，强脱钩的区域占 11.53%，弱脱钩的区域占 7.69%，衰退脱钩的区域占 13.46%，扩张负脱钩的区域占 40.38%，弱负脱钩的区域占 13.46%，强负脱钩的区域占 11.53%，西北地区城市水贫困与农村水贫困之间的关系以扩张负脱钩、衰退脱钩以及弱负脱钩为主。这一时期西北地区城市水资源系统处在"高投入、高消耗"的发展模式中，即城市水资源系统对农村水资源系统所产生的依赖性比较强，城市水资源发展较慢，导致了农村水资源的发展大幅退步。

2017 年，在西北 52 个地区中，强脱钩的区域占 5.76%，弱脱钩的区域占 26.92%，衰退脱钩的区域占 0%，扩张负脱钩的区域占 40.38%，弱负脱钩的区域占 1.92%，强负脱钩的区域占 25%，西北地区城市水贫困与农村水贫困之间的关系以扩张负脱钩、弱脱钩、强负脱钩为主。这一时期，强脱钩的区域数量下降，弱脱钩的区域数量上升，处于最后等级的强负脱钩数量大幅上升，西北地区城乡水资源发展关系的失衡程度呈现出一种恶化的态势，这与我们第五章得出的结论是基本相同的。之所以会出现城乡水资源良性发展与城乡水资源失衡加剧的矛盾态势，主要是因为这一时期各区域加强对城市水资源的保护，浪费水资源的现象大幅下降；伴随耗水产业限制政策的推进和技术进步，农村水资源的消耗量有所下降；但农村水资源的改善程度要远落后于城市水资源的改善程度。

进一步地，根据西北地区城市-农村水贫困的脱钩弹性系数的计算结果，运用 GIS 空间分析技术，对西北地区城市-农村水贫困的失衡程度的空间演变格局进行直观分析。这里我们着重对变化情况较大的衰退脱钩、扩张负脱钩以及强负脱钩区域进行分析，2001 年，延安市、金昌市、武威市、张掖市、平凉市、酒泉市、庆阳市、定西市、陇南市、吴忠市、固原市、中卫市、西宁市、海东州、海北州、海南州、玉树州、海西州、博尔塔拉州、喀什地区、和田地区的城乡水资源发展之间以扩张负脱钩为主，各区域城市水资源系统的缓慢发展牺牲了农村水资源系统的发展，农村水资源系统面临着较大压力。这一时期以工业发展和耗水产业为主的传统经济增长方式高度粗放；为了经济增长，农村让位于城市，城市发展挤占了大量的农村用水，农村的水资源压力不断增大；而农业用水受技术和设备的限制效率低下，水资源开发利用结构层次偏低；咸阳市、渭南市、安康市、商洛市、兰州市、乌鲁木齐市、塔城地区以衰退脱钩为主。这些地区表现为城市水资源系统缓慢退步，而农村水资源系统发展较快。这些区域依托国家政策和产业扶持加快转变农业生产结构，改善用水效率，同时又在农业生产、油气资源勘探以及水产品加工等重点领域组织技术推广和应用，进一步达到提升农业用水效率的目的，通过开发节水技术，实现了水资源的高效利用。

2017 年，西安市、咸阳市、渭南市、延安市、安康市、商洛市、兰州市、平凉市、酒泉市、甘南州、银川市、吴忠市、中卫市、西宁市、果洛州、玉树州、海西州、石河子市、昌吉州、阿勒泰地区、博尔塔拉州以扩张负脱钩为主。从数量上看，西北地区"城市发展牺牲农村水资源"的区域并未减少，只是在空间上转移。这些区域的城市水资源系统发展的相对缓慢，农村水资源系统面临的发展压力也大幅增长。铜川市、宝鸡市、汉中市、天水市、武威市、张掖市、庆阳市、定西市、陇南市、石嘴山市、固原市、巴音郭楞州、阿克苏地区、和田地区以弱脱钩为主。该区域的数量与 2000 年相比，有了一定的增长。这些地区脱钩指数表现为城市水资源系统缓慢退步且变化趋于平稳，而农村水资源系统发展较快。这些区域依托国家政策和产业扶持加快转变农业生产结构，改善用水效率，实现了水资源的高效利用。榆林市、嘉峪关市、金昌市、白银市、海北州、黄南州、海南州、乌鲁木齐市、克拉玛依市、伊犁州、塔城地区、克孜勒苏州、喀什地区以强负脱钩为主。受限于资源禀赋与经济发展水平，这些地区的水资源系统发展的普遍较差，尤其是新疆地区的生态退化与环境污染较为严重，农业用水效率低下，且耗水作物较多，城乡之间围绕水资源展开激烈的争夺，城市水资源系统的发展呈现衰退的态势，农村水资源系统的发展同步衰退。

第四节　城乡水贫困失衡性的模拟预测

一、计量模型选择

对城市—农村水资源的失衡趋势进行预测是一项非常重要而复杂的工作。目前研究参数预测的方法有很多，常见的有灰色系统理论、多元回归模型、相似合成算法以及神经网络集成等方法。这些预测方法在常规条件下能起到较好的预测作用，但是我们在前文指出城市—农村水资源共生演化具有非线性的特征，运用这些方法进行预测可能会造成结果误差（高铁梅，2006）。组合的时间序列模型（ARMA 模型）是一种应用较为广泛的随机数据分析模型，它通常是基于过去的数据来探索研究对象随时间变化而出现的规律性，是一种结果精度较高的短期预测方法。ARMA 模型的基本思想是：研究对象的变化发展都是在时间与空间的基础上展开的。随着时间的流失，研究对象可以在单位的时间内出现一系列的变化情况，也就是数据在一段时间内展开。设 x_1，x_2，…，x_t 是一组数据的时间序列，其中 t 代表时间，单位可以是年、月、日或者时。随着时间而变化的 x_t 被称为时间序列数据。当 x_t 随着时间的演进而呈现出规律性变动时，即为传统的时间序列模型；当 x_t 随着时间的演进而呈现出随机性较强的规律时，这时候无法用确定的函数关系进行描述，即为随机型的时间序列数据。尽管该时间序列的值存在不规律性，但是在整个时间序列的变化中却是有迹可循的，可以用相应的数学表达式进行描述（马骁等，2011）。ARMA 模型分为以下三类：自回归序列模型、移动平均序列模型以及自回归移动平均序列模型（盛选义，2012）。

若 y_t 是由往期值和随机误差项构成的函数，即为自回归序列模型。该序列的函数表达式为：

$$y_t = \phi_1 y_{t-1} + \phi_2 y_{t-2} + \phi_2 y_{t-2} + \cdots + \phi_p y_{t-p} + \mu_t \qquad (6-1)$$

上述公式即为 p 阶的自回归模型，$\phi_1, \phi_2, \cdots, \phi_p$ 为自回归系数，是 y_t 的待估计参数。随机误差项 μ_t 是相互独立的白噪声序列，且服从方差为 σ_u^2、均值为 0 的正态分布（曹永义，2018）；

若 y_t 是由当期值和随机误差项构成的函数，即为移动平均序列模型，该模型的函数表达式为：

$$y_t = \mu_1 - \theta_1 \mu_{t-1} - \theta_2 \mu_{t-2} - \cdots - \theta_q \mu_{t-q} \qquad (6-2)$$

上述公式即为 q 阶的自回归模型，$\theta_1, \theta_1, \cdots, \theta_q$ 为移动平均系数，是 y_t 的待

估计参数。

如果时间序列模型 y_t 是由前期值、前期值的随机误差项以及当期值构成的函数，即为自回归移动平均序列模型，该模型的函数表达式为：

$$y_t = \phi_1 y_{t-1} + \phi_2 y_{t-2} + \phi_2 y_{t-2} + \cdots + \phi_p y_{t-p} + \mu_t$$
$$- \theta_1 \mu_{t-1} - \theta_2 \mu_{t-2} - \cdots - \theta_q \mu_{t-q} \qquad (6-3)$$

上述公式即为 (p, q) 阶的自回归移动平均序列模型，$\phi_1, \phi_2, \cdots, \phi_p$ 为自回归系数，$\theta_1, \theta_1, \cdots, \theta_1$ 为移动平均系数，都是 y_t 的待估计参数。

二、模型的检验

在运用 ARMA 模型进行模拟预测之前，我们首先需要对 2000 年到 2017 年我国西北地区城市—农村水贫困的失衡性的时间序列特征进行检验。通过前文的分析，西北地区城市—农村水贫困的失衡性的增长呈现一种波动剧烈但是缓慢上升的趋势。由西北地区城市—农村水贫困的失衡性的单位根 ADF 可以看出，我国西北地区城市—农村水贫困失衡性的时间序列的自相关系数并未很快地趋向于 0，这表明该时间序列仅是非平稳的发展趋势，而非完全随机的发展趋势。进一步地，对我国西北地区城市—农村水贫困失衡性的时间序列取自然对数再进行二阶差分后，当滞后阶数大于 3 时，时间序列的自相关系数很快的趋向于 0，即落入随机区间，说明时间序列是平稳的（孙才志等，2017）。表 6-6 中，ADF 检验统计量值为 -4.796 043 5，比显著性水平为 1%、5%、10% 的临界值小，所以拒绝原假设，即序列不存在单位根，序列平稳。

表 6-6 失衡性的单位根检验结果

ADF 检验	置信水平（%）	临界值
	1	-2.197 35
-4.796 043 5	5	-3.569 13
	10	-2.874 96

三、预测结果及分析

利用 EViews 软件对我国西北地区在 2000 年到 2017 年的城市—农村水贫困的失衡性时间序列数据建立 ARMA 模型，并对 2018 年到 2020 年的城市—农村水贫困的失衡性进行预测。由于研究区域共计 52 个地市，运算量过于庞大。这里我们以西安市为例，对预测结果进行分析。为了验证结果的可靠性，我们主要预测了 2017 年（以便于与现有结果的比较分析）、2018 年、2019 年、2020 年以及 2021 年的模拟结果。根据西安地区城市—农村水贫困失衡性的时间序列进行二阶差分后所得的自相关和偏自相关值，可以很明显得看出：在偏自相关系数中，滞后 $k=1$、$k=2$ 期的偏自相关系数明显不为 0，而在 $k=3$ 后偏自相关系数很快的趋近于 0，所以取 $p=3$；自相关系数在 $k=3$ 处显著不为 0，所以取 $q=3$。综合考虑，对我国西北地区城市—农村水贫困失衡性的时间序列建立 ARMA 模型，预测模型如下所示：

$$y_t = 0.257\ 6y_{t-2} - 0.317\ 4y_{t-3} + 0.295\ 8u_{t-1} \qquad (6-4)$$

表 6-7　失衡性的模拟预测值（一）

地区	2017 年（实际）	2017 年	2018 年	2019 年	2020 年	2021 年
西安市	1.305	1.139	2.974	−2.808	1.642	6.477
铜川市	0.539	0.216	−0.972	−1.728	−2.483	−3.239
宝鸡市	0.971	1.044	−4.859	−3.273	−5.688	−2.102
咸阳市	1.005	1.388	2.571	3.355	4.138	4.921
渭南市	1.588	1.562	2.136	2.410	2.683	2.957
延安市	1.190	1.211	1.232	1.252	1.273	1.294
汉中市	0.900	1.097	1.293	1.489	1.686	1.882
榆林市	−1.097	−1.200	−1.304	−16.407	−21.511	−6.614
安康市	1.311	1.819	4.327	5.836	7.344	8.852
商洛市	2.366	2.009	1.652	1.294	0.937	0.580
兰州市	3.240	4.282	7.325	−8.368	11.410	13.453
嘉峪关市	−50.761	−53.977	−49.193	−19.410	−47.626	96.842
金昌市	−1.286	−1.423	−9.559	−13.696	−17.832	−21.969
白银市	−0.646	−1.519	−2.392	−3.265	−4.138	−5.011
天水市	0.854	0.978	13.103	19.227	−5.352	1.477
武威市	0.424	0.615	−1.654	−2.694	−3.733	−4.772
张掖市	0.303	0.522	0.742	0.961	1.181	1.400
平凉市	1.079	4.215	7.350	−1.486	3.622	6.757
酒泉市	21.494	22.806	6.118	−2.430	10.742	7.054
庆阳市	0.801	0.343	−0.115	−0.574	−1.032	−1.491
定西市	0.603	0.815	3.434	−4.453	6.472	−19.491
陇南市	0.550	0.381	−0.911	1.642	2.372	−0.103
临夏州	−3.223	−5.747	12.270	−16.794	11.318	−5.842
甘南州	1.292	1.627	−1.962	−1.297	2.632	2.967
银川市	1.590	1.378	1.167	−0.956	−0.745	0.534

（续）

地区	2017 年（实际）	2017 年	2018 年	2019 年	2020 年	2021 年
石嘴山市	0.845	0.736	−0.627	0.518	1.409	−0.300
吴忠市	1.380	1.727	2.075	2.423	2.771	3.118
固原市	0.350	−0.129	−0.608	1.087	1.567	−2.046
中卫市	2.320	2.017	9.715	1.412	−17.110	−17.808
西宁市	1.092	1.167	1.242	1.317	−1.392	−1.467
海东州	0.274	−0.552	−1.378	1.204	1.030	3.856
海北州	−175.851	−153.756	531.662	209.567	−287.472	−265.377
黄南州	−11.083	−13.244	−5.405	47.566	39.728	51.889

表 6 - 8　失衡性的模拟预测值（二）

地区	2017 年（实际）	2017 年	2018 年	2019 年	2020 年	2021 年
海南州	−0.343	−1.967	−3.591	−5.215	−6.839	−8.463
果洛州	3.322	5.556	7.790	10.024	12.258	14.492
玉树州	2.292	3.721	5.151	6.580	8.010	9.439
海西州	1.504	1.150	0.795	0.441	0.086	−0.268
乌鲁木齐市	−4.114	−4.622	−10.130	−20.638	26.146	11.654
克拉玛依市	−0.282	−0.283	−2.283	−3.284	−4.284	−5.285
石河子市	15.075	29.843	44.612	−39.381	34.150	−28.918
吐鲁番市	−8.018	−12.750	−17.481	52.213	36.945	31.676
哈密市	−0.338	5.059	10.456	−7.853	11.250	−13.647
昌吉州	5.918	11.137	−10.357	11.577	16.796	12.016
伊犁州	−0.141	−0.965	−1.788	−2.612	−3.436	−4.259
塔城地区	0.369	0.314	1.260	−0.205	−0.150	1.096
阿勒泰地区	12.991	15.531	−8.071	−10.611	13.151	15.691
博尔塔拉州	1.703	−12.851	15.406	11.961	16.515	11.070
巴音郭楞州	0.438	0.934	3.430	4.926	6.421	7.917
阿克苏地区	0.259	0.962	1.664	2.367	3.070	3.772
克孜勒苏州	−13.816	−18.583	23.349	18.116	−22.883	−17.649
喀什地区	−0.276	−0.987	1.698	−2.409	3.119	3.830
和田地区	0.587	0.601	−1.614	−0.628	0.641	0.655

2017 年，西安地区城市—农村水贫困的实际失衡值为 1.305，模拟预测失衡值为 1.139；2018 年，西安地区城市—农村水贫困的模拟预测失衡值为 2.974；2019 年，西安地区城市—农村水贫困的模拟预测失衡值为 −2.808；2020 年，西安地区城市—农村水贫困的模拟预测失衡值为 1.642；2021 年，西安地区城市—农村水贫困的模拟预测失衡值为 6.477（表 6-7）。根据西安地区城市—农村水贫困的实际值与其模拟预测值对比可以看出两者之间相差很小，即使在其他地区两者之间有较大差距，但是依然处于同一关系之中，这说明 ARMA 模型的预测相对来说比较准确，具有一定的参考价值。进一步地，根据我们对预测数据进行分析，发现 2018—2020 年，城乡水贫困的脱钩类型将以扩张负脱钩、弱负脱钩以及强负脱钩为主，这表明西北地区城乡水贫困的失衡性依然处于一种持续恶化的态势，亟须进行政策干预。2021 年，城乡水贫困的脱钩类型将以扩张负脱钩、弱脱钩以及强脱钩为主，区域占比分别达到了 46.13%、17.82%，以及 13.26%，这表明西北地区的失衡性有了较大的改善。这可能是由于 ARMA 的模型特性所导致的结果偏差。它是一种 3～5 年的短期预测模型。距离样本的时间越近，结果精度越高（高铁梅，2006）。当然，具体的原因，还需要对 2018 年、2019 年、2020 年的实际数据做进一步的分析，这里暂不做探讨。

第五节　本章小结

本章主要运用 Tapio 脱钩模型重点分析了西北地区城市水资源系统和农村水资源系统两者之间的失衡程度，并结合 AMRA 模型对西北地区未来五年的失衡程度进行模拟预测。主要结论如下：

第一，本章首先提出了基于脱钩理论的主次关系判定方法，接下来采用脱钩模型对我国西北地区的城市—农村水贫困的失衡程度进行求解，进而得出了 2001—2017 年的失衡程度。如上文所述，2000 年，西北地区城市水资源与农村水资源之间的关系以扩张负脱钩、弱脱钩、衰退脱钩为主；2017 年，西北地区城市水资源与农村水资源之间的关系以扩张负脱钩、弱脱钩、强负脱钩为主。西北地区城市水资源与农村水资源之间的失衡程度呈现一种恶化的趋势。

第二，本书按照计量模型方法，创造性地引入组合的时间序列，ARMA 模型给出了中国西北地区城市—农村水贫困失衡性在 2017—2021 年的预测结果，对于西北地区城乡水资源系统失衡方面在未来的发展趋势做出了初步的判断。值得注意的是，在 2021 年，西北地区城市—农村水贫困的脱钩类型将会有一个较大的改善。严格来说，这只是个大致的预测值。实际的运行中，水资源系统是一个动态的循环系统，该系统会随着政策、信息、经济、环境等外部环境的变化而发生相应的改变（魏宁，2010）。因此，决策者应该根据变化的情况时刻注意水资源发展中所存在着的政策调整会带来的风险，并适时的根据实际情况不断地调整变动水资源发展中相应的目标与政策。

第七章 西北地区城乡水贫困协调性的空间异质性

西北地区在水资源利用的过程中产生了许多问题，比如，城乡水资源系统供需矛盾、水资源时空分布不均和水质恶化等问题。准确把握水资源系统的发展状况，并将其纳入政策的设计之中，对于缓解城市水资源和农村水资源之间的失衡关系具有重要的现实意义。如前文研究所述，西北地区城市—农村水贫困的失衡程度在整体上呈现持续恶化的趋势。在不同时期下，各个地区之间存在很大的差别。同时，无论是驱动类型的划分还是脱钩类型的划分都存在着明显的空间集聚现象。探索城乡水贫困失衡性在空间分布中存在的异质性有助于准确把握城乡水贫困地域之间存在的差异。本章研究的主要目的在于，通过地市层面的模拟实验与计量分析，运用 H-D 模型反向揭示区域之间的空间相关效应，以期更准确地评价西北地区城乡水资源发展失衡的情况，为促进西北地区实现城乡水资源的永续利用及可持续管理政策的制定提供参考。下面本书将通过 ESDA 模型，来进一步探讨西北地区的"城市—农村水贫困失衡性"的时空关联和演变趋势，这一问题的探讨将让我们对西北地区的城乡水资源利用及其变化趋势有更深入的认识，从而期待这一认识可以对今后政府对西北地区水资源管理政策的制定提供参考、奠定基础。

第一节 问题的提出

区域之间的发展差异是区域经济学与空间经济学的核心问题之一，无论是弗里德曼的中心外围理论还是赫希曼的不平衡增长理论都认为区域差异基本上都是呈现"先扩大后缩小"的发展趋势，同时，存在适当的区域差异也在一定程度上有利于推动资源配置和优化产业的布局，但过大的区域差异则不利于区域分工协作，严重的还会导致两极分化，影响社会稳定。联合国 21 世纪水会议指出：水资源短缺是近年来全球所面临的最严峻的挑战之一，同时也是本地区实现资源和经济可持续发展的最大的障碍之一（宋晓猛和张建云，2013）。随着中国工业化、城镇化的持续推进，用水需求激增。工业污水、废水的大量排放导致水资源污染严重；同时，当前农业用水居高不下，为了保证城市发展，大量的农业用水被挤占，使得当前我国水资源面临着巨大的挑战。城乡水资源在分配以及发展过程中产生的矛盾直接关系到经济社会的可持续发展与否。城乡水资源系统之间的现阶段发展关系是城市水资源系统与农村水资源系统两者交互作用的结果，是判断城乡水资源利用与政策制定合理与否的重要切入点。在城乡分割的背景下，当前我国处在城市化迅速推进和经济高速增长的关键时期，城市水资源需求旺盛，"牺牲农村利益优先供应城市"的发展模式虽广受诟病，却又在各地屡见不鲜，由此导致城市水资源利用与农村水资源利用之间的矛盾日益突出。因此，系统掌握城市水资源与农村水资源的总体格局及变化趋势，探寻协调发展路径显得尤为必要。

目前国内外学者有关水资源空间发展的研究主要集中在以下三个层面：一是理论层面，即对水资源短缺基本内涵与外延的探讨。学者们普遍认为水资源状况是经济发展在空间上的资源映射之一，能够在一定程度上有效反映时空范围内区域的发展和集中程度（王长建等，2015）。二是实证层面，即对不同尺度上的水资源空间分布格局、演进特征及影响因素的分析（马晓河和方松海，2006）。三是政策层面，即对水资源与经济发展互动关系的探讨（马豪，2012）。由于区域的水资源禀赋不同以及经济发展过程中各类要素组合程度的差异，异质性背景下水资源利用差异已经得到了学者们的普遍认同，但是现有研究还面临着以下几个问题尚未很好地解答：①现有的评价方法主要集中于数理模型的应用，较少用空间计量的方法来研究城乡水资源系统发展失衡的影响及作用（张荣天和焦华富，2015）；②内容上大量文献更多侧重于水资源量的测度及其驱动因素的探讨，而对水资源系统的空间影响机理分析较少；③对于空间的研究尺度主要集中于省际的分析，较少对地市尺度进行探讨。

本章应用水贫困指数来计算中国西北地区城乡水贫困状况，得到西北地区52个地市2000—2017年的城乡水资源发展状况。本书将在此计算的基础上，充分利用揭示空间依赖性及异质性的探索性空间数据分析方法（ESDA），来进一步验证西北地区52个地市2000—2017年城乡水资源系统的失衡是否在地理空间上具有一定的相关性及其相关程度如何，并同时研究城乡水资源之间的空间差异规律和特点，期望研究结果能使我们对城乡水资源失衡的时空分布有更加充分的认识，从而能够为政府制定西北地区城乡水资源协调发展的相关政策提供一定的借鉴。

第二节 模型选择：探索性空间数据分析

ESDA 的优势在于具备可视化条件，直观反映出区域发展差异的空间分布特征，并能够揭示事物在空间单元上的相互作用，是空间异质性测度的经典模型之一（王雪妮和孙才志，2011）。本书将探索性空间数据与时间序列数据相结合，揭示了西北地区城乡水资源的区域差异性。

根据地理学第一定律：任何事物与其周边的事物或相邻的事物之间在空间上或时间上总是有这样或者那样的联系的。几乎所有的空间数据都具有空间依赖性或空间自相关特征（魏玮和王洪卫，2010）。因此，识别特定区域在不同地点收集的数据之间的相关性对于理解区域发展以及进一步分析控制空间和时间趋势的机制非常重要（Han et al.，2015）。探索性空间数据分析（ESDA）是一种基于空间相关测度的方法，描述了研究对象的空间分布，通过观测空间的奇异值，基于聚类等空间分析方法确定其空间分布规律及其影响因素，从而揭示了空间集聚和空间异常（王雪妮和孙才志，2011）。因此，ESDA 模型可以被用来研究不同地理位置的水贫困变化。本章通过对城市—农村水贫困失衡性空间分布的描述，揭示区域失衡性的空间相互作用，使得针对各地区城乡水资源发展失衡制定更有效的水资源管理政策。

ESDA 方法本质上属于"数据驱动"，在识别研究对象的空间分布规律，揭示事物的空间现象上具有很重要的价值。ESDA 一般分为两类：全局自相关与局部自相关。全局自相关主要分析研究对象在整个研究区域的空间关联程度与空间差异程度，包括全局 Moran's I 指数、Getis - Ord 指数、Global Geary's C 等；局部自相关主要分析研究对象在某一区域上的空间关联程度和空间差异程度，包括局部 Moran's I 指数、Getis - OrdGi* 指数、Local Geary's C 等，各类指数的基本内涵和计算原理可参照研究文献（杨振等，2017；张晶，2017；郑佳佳，2013）。本书主要借助 Open GeoDa 和 ArcGIS10.2 软件，综合运用全局 Moran's I 指数、局部 Moran's I 指数探讨中国西北地区 52 个地市城乡水贫困失衡程度的空间关联特征。

一、全局空间自相关

全局空间自相关反映了给定区域内观测变量的空间相关性和空间变异。在一定的显著性水平下，如果 Moran's I 显著为正，则失衡程度较高（或较低）的区域就是在空间上属于显著集中。当 Moran's I 值越接近 1 的时候，则总体空间差异就会越小。当 Moran's I 显著为负时，则失衡程度较高（或较低）的区域存在显著的空间差异。Moran 值越接近−1，总体空间差异越大。当全局的 Moran's I 为 0 时，空间具备不相关性（Boyne et al.，2001）。全局 Moran's I 的表达式如下：

$$W_{ij} = \begin{cases} 0\,(i = j) \\ 1/\,d_{ij}\,(i \neq j) \end{cases} \tag{7-1}$$

$$\text{Moran's I} = \frac{\sum\limits_{i=1}^{n} \sum\limits_{j \neq i}^{n} w_{ij}\, z_i\, z_j}{\sigma^2 \sum\limits_{i=1}^{n} \sum\limits_{j \neq i}^{n} w_{ij}} \tag{7-2}$$

$$\sigma = \frac{1}{n} \sum\limits_{i=1}^{n} (x_i - \overline{x})^2 \tag{7-3}$$

式中，x_i 为区域 i 的观测值；n 为空间观测单元。对于 x 的平均值 $\overline{x}$，w_{ij} 是区域 i 的空间权重矩阵，如果区域 i 和区域 j 是相邻关系，则 $w_{ij}=1$；否则，$w_{ij}=0$。其中，$z_i = \dfrac{x_i - \overline{x}}{\sigma}$，$\overline{x} = \dfrac{1}{n} \sum\limits_{i=1}^{n} x_i$，$\sigma = \dfrac{1}{n} \sum\limits_{i=1}^{n} (x_i - \overline{x})^2$。

本书采用 z 统计量对 Moran's I 进行统计检验：

$$Z = \frac{1 - E(I)}{\sqrt{Var(I)}} \tag{7-4}$$

式中，$E(I)$ 是 I 的数学期望，$Var(I)$ 是 I 的方差，如果 Moran's I 是一个正常的 Z 统计量。则 Moran's I 在 0.05 的置信水平显著的正态分布函数值为 1.96，说明空间分布具有显著的正相关关系（孙才志和王雪妮，2011）。

二、局部空间自相关

全球 Moran's I 统计量是整体地区空间差异平均程度的总体统计指标。在整体空间异质性存在区域差异的情况下，局部空间差异有可能会扩大（Liu et al.，2018）。为了全面反映区域差异的变化趋势，我们需要使用局部的空间自相关方法来揭示相邻空间中局部研究单元的自相关关系。通过用 Moran 散点图来测量每个区域和周围区域，可以发现局部空间相关性和空间差异程度。局部 Moran's I 的表达式如下：

$$I_i(d) = z_i \sum\limits_{j \neq i}^{n} w_{ij}^{'} z_j \tag{7-5}$$

Moran's I 值一般在 −1 到 1 之间，小于 0 表示负相关（不同类型属性值的要素相邻近），等于 0 表示无相关，大于 0 表示正相关（同样类型属性值的要素相邻近）。z_i 和 z_j 分别是区域 i 和区域 j 观测值的标准化值。用 Z 统计量可以检验局部 Moran's I 指数的显著性。

根据局部 Moran's I 统计值的计算公式，我们可以将区域失衡性的空间差异分为四个类型（Fornell and Larcker，1981）：

①High - High（H - H）区域：当 $I_i(d) > 0, z_i > 0$ 时，研究区域和邻近地区的城乡水贫困失衡性均较低，二者的空间差异程度较小。

②Low - High（L - H）区域：当 $I_i(d) < 0, z_i < 0$ 时，研究区域城乡水贫困失衡性较高，邻近地区城乡水贫困失衡性较低，二者的空间差异程度较大。

③ Low - Low（L - L）区域：当 $I_i(d) > 0, z_i < 0$ 时，研究区域和邻近地区的城乡水贫困失衡性较高，二者的空间差异程度较小。

④ High - Low（H - L）区域：当 $I_i(d) < 0, z_i > 0$ 时，研究区域城乡水贫困的失衡性较低，邻近地区的城乡水贫困失衡性较高，二者的空间差异程度较大。

第三节 城乡水贫困的协调性分析

本书采用协调发展（H - D）模型衡量城市水贫困与农村水贫困之间的协调发展水平，通过这种方式我们反向测度了城乡水资源发展的失衡性。H - D 的数学表达式如下：

$$H_{ur}^t = \begin{cases} \alpha, \alpha > 1 \\ \dfrac{1}{\alpha}, \alpha < 1 \end{cases}, \alpha = \frac{\ln\nu_u}{\ln\nu_r}; D_{ur}^t = \nu_u^t + (\nu_r^t)^3; (H-D)_{ur}^t = \alpha\nu_u^t + \beta\nu_r^t$$

$$(7 - 6)$$

式中，H_{ur}^t 为城市与农村水贫困在第 t 年度的协调水平，取值范围在 $0 \sim 1$。然而，在取值相近且水平较低的情况下，协调程度有可能呈现高值的伪结果，使得城乡融合的"广度"受到质疑。因此，为准确地反映城乡水贫困协调发展水平，我们还将两个系统的互动发展水平也纳入考虑范围之内，进一步考察城乡水贫困协调发展的"深度"。D_{ur}^t 为城市与农村水贫困在第 t 年间的互动发展水平。$(H-D)_{ur}^t$ 反映了第 t 年的城乡水贫困协调发展水平，α 和 β 为待定系数，$\alpha + \beta = 1$。为避免主观人为因素影响，本研究将系数 α 和 β 赋值为 0.5。

表 7 - 1 至表 7 - 4 准确地反映了西北地区城市—农村水贫困协调发展水平的变化趋势。研究结果表明：西北地区城乡水贫困协调发展的改善趋势是缓慢的且呈下降趋势。我们运用 SPSS 的系统聚类方法将西北地区 53 个地市划分为四种类型：弱协调发展区域、较弱协调发展区域、中协调发展区域、强协调发展区域。按照系统聚类的方法，2000 年，西北地区城市—农村水贫困协调发展地区中，82.7% 的区域处于强协调发展区域，13.4% 的区域处于中协调发展区域，1.9% 的区域处于较弱协调发展区域，1.9% 的区域处于弱协调发展区域。2017 年，61.5% 的强协调发展区域转至中协调发展区域，21.1% 的强协

调发展区域转至弱协调发展区域，有15.4%的中协调发展区域转为较弱协调发展区域，5.8%的较弱协调发展区域转为弱协调发展区域。这表明，西北地区城市—农村水资源的失衡性处于一种恶化趋势，与第五章、第六章的研究结果相吻合。

表7-1　西北地区城乡水贫困的协调得分（一）

地区	2000年	2001年	2002年	2003年	2004年	2005年	2006年	2007年	2008年
西安市	0.484	0.479	0.479	0.498	0.484	0.484	0.488	0.494	0.489
铜川市	0.459	0.452	0.454	0.475	0.457	0.462	0.466	0.465	0.465
宝鸡市	0.477	0.477	0.482	0.494	0.479	0.483	0.493	0.500	0.486
咸阳市	0.478	0.473	0.477	0.496	0.481	0.476	0.485	0.497	0.484
渭南市	0.479	0.474	0.478	0.496	0.479	0.480	0.496	0.494	0.487
延安市	0.508	0.519	0.523	0.526	0.514	0.518	0.525	0.531	0.482
汉中市	0.464	0.479	0.491	0.482	0.482	0.475	0.479	0.503	0.541
榆林市	0.488	0.473	0.472	0.496	0.484	0.492	0.488	0.482	0.513
安康市	0.508	0.491	0.492	0.511	0.487	0.491	0.515	0.520	0.515
商洛市	0.505	0.503	0.500	0.522	0.494	0.493	0.526	0.517	0.481
兰州市	0.474	0.464	0.467	0.470	0.465	0.467	0.472	0.476	0.473
嘉峪关市	0.492	0.480	0.486	0.491	0.516	0.542	0.714	0.779	0.520
金昌市	0.456	0.457	0.463	0.460	0.460	0.462	0.471	0.475	0.470
白银市	0.457	0.457	0.462	0.453	0.447	0.449	0.453	0.460	0.459
天水市	0.453	0.452	0.457	0.455	0.441	0.450	0.455	0.459	0.451
武威市	0.443	0.451	0.455	0.452	0.453	0.453	0.455	0.462	0.468
张掖市	0.445	0.451	0.462	0.455	0.453	0.453	0.454	0.462	0.467
平凉市	0.435	0.457	0.473	0.470	0.447	0.459	0.464	0.471	0.467
酒泉市	0.419	0.423	0.483	0.479	0.468	0.456	0.486	0.494	0.467
庆阳市	0.471	0.488	0.485	0.485	0.461	0.466	0.488	0.491	0.457
定西市	0.426	0.429	0.440	0.439	0.428	0.432	0.429	0.436	0.441
陇南市	0.439	0.439	0.447	0.445	0.431	0.441	0.439	0.442	0.441
临夏州	0.433	0.431	0.442	0.443	0.437	0.444	0.444	0.448	0.445
甘南州	0.446	0.449	0.443	0.445	0.450	0.455	0.475	0.454	0.455
银川市	0.449	0.449	0.455	0.453	0.452	0.450	0.464	0.459	0.468
石嘴山市	0.453	0.454	0.459	0.460	0.463	0.461	0.469	0.473	0.481

（续）

地区	2000 年	2001 年	2002 年	2003 年	2004 年	2005 年	2006 年	2007 年	2008 年
吴忠市	0.436	0.444	0.446	0.445	0.450	0.450	0.446	0.448	0.463
固原市	0.444	0.448	0.450	0.462	0.451	0.452	0.468	0.458	0.469
中卫市	0.456	0.468	0.467	0.465	0.444	0.444	0.476	0.451	0.450
西宁市	0.485	0.488	0.488	0.499	0.485	0.482	0.440	0.425	0.415
海东州	0.448	0.449	0.449	0.461	0.457	0.454	0.449	0.456	0.460
海北州	0.464	0.464	0.463	0.466	0.464	0.470	0.485	0.472	0.471
黄南州	0.454	0.453	0.452	0.457	0.456	0.455	0.462	0.460	0.463

表 7-2　西北地区城乡水贫困的协调得分（二）

地区	2000 年	2001 年	2002 年	2003 年	2004 年	2005 年	2006 年	2007 年	2008 年
海南州	0.463	0.464	0.459	0.465	0.466	0.463	0.458	0.459	0.470
果洛州	0.482	0.481	0.476	0.481	0.479	0.481	0.476	0.484	0.495
玉树州	0.473	0.473	0.473	0.474	0.470	0.472	0.480	0.471	0.485
海西州	0.468	0.477	0.485	0.485	0.475	0.479	0.500	0.483	0.485
乌鲁木齐市	0.449	0.446	0.452	0.454	0.457	0.456	0.455	0.465	0.461
克拉玛依市	0.500	0.503	0.504	0.505	0.495	0.494	0.472	0.479	0.480
石河子市	0.489	0.481	0.469	0.469	0.476	0.475	0.476	0.473	0.469
吐鲁番市	0.689	0.682	0.451	0.456	0.455	0.458	0.474	0.472	0.455
哈密市	0.438	0.438	0.436	0.440	0.439	0.438	0.439	0.439	0.447
昌吉州	0.457	0.457	0.461	0.467	0.462	0.463	0.470	0.464	0.461
伊犁州	0.452	0.448	0.459	0.456	0.463	0.457	0.456	0.464	0.461
塔城地区	0.470	0.467	0.474	0.472	0.464	0.477	0.480	0.460	0.457
阿勒泰地区	0.453	0.453	0.437	0.440	0.435	0.447	0.456	0.448	0.448
博尔塔拉州	0.441	0.446	0.452	0.453	0.438	0.436	0.441	0.443	0.445
巴音郭楞州	0.503	0.501	0.467	0.475	0.445	0.444	0.451	0.454	0.460
阿克苏地区	0.435	0.439	0.437	0.444	0.439	0.443	0.454	0.445	0.450
克孜勒苏州	0.544	0.531	0.554	0.571	0.513	0.476	0.494	0.493	0.495
喀什地区	0.446	0.454	0.476	0.483	0.453	0.471	0.477	0.462	0.464
和田地区	0.412	0.417	0.414	0.420	0.410	0.423	0.438	0.432	0.432

表 7 - 3 西北地区城乡水贫困的协调得分（三）

城市/地区	2009 年	2010 年	2011 年	2012 年	2013 年	2014 年	2015 年	2016 年	2017 年
西安市	0.494	0.491	0.500	0.492	0.496	0.501	0.504	0.502	0.507
铜川市	0.477	0.475	0.489	0.480	0.477	0.478	0.480	0.476	0.485
宝鸡市	0.489	0.490	0.501	0.489	0.490	0.499	0.497	0.498	0.510
咸阳市	0.489	0.491	0.497	0.488	0.488	0.496	0.496	0.494	0.503
渭南市	0.491	0.499	0.505	0.494	0.496	0.503	0.498	0.503	0.508
延安市	0.542	0.536	0.543	0.542	0.564	0.554	0.542	0.549	0.560
汉中市	0.502	0.497	0.503	0.510	0.511	0.504	0.508	0.513	0.527
榆林市	0.498	0.516	0.512	0.504	0.500	0.509	0.509	0.507	0.505
安康市	0.500	0.504	0.521	0.505	0.513	0.508	0.508	0.506	0.514
商洛市	0.510	0.506	0.517	0.502	0.505	0.521	0.515	0.512	0.521
兰州市	0.477	0.476	0.481	0.486	0.489	0.496	0.489	0.497	0.498
嘉峪关市	0.474	0.473	0.477	0.529	0.508	0.532	0.530	0.538	0.538
金昌市	0.473	0.473	0.470	0.467	0.412	0.472	0.473	0.475	0.468
白银市	0.458	0.460	0.462	0.471	0.450	0.478	0.468	0.471	0.460
天水市	0.455	0.456	0.464	0.463	0.466	0.461	0.461	0.461	0.468
武威市	0.459	0.463	0.469	0.474	0.447	0.477	0.472	0.476	0.482
张掖市	0.467	0.469	0.466	0.473	0.445	0.485	0.481	0.483	0.497
平凉市	0.466	0.476	0.476	0.475	0.483	0.481	0.475	0.475	0.481
酒泉市	0.468	0.473	0.476	0.486	0.433	0.492	0.488	0.491	0.492
庆阳市	0.471	0.478	0.479	0.484	0.493	0.490	0.479	0.481	0.491
定西市	0.440	0.439	0.442	0.452	0.449	0.452	0.445	0.446	0.457
陇南市	0.449	0.452	0.456	0.453	0.462	0.455	0.456	0.455	0.475
临夏州	0.442	0.439	0.439	0.452	0.435	0.452	0.441	0.455	0.456
甘南州	0.452	0.455	0.461	0.465	0.464	0.470	0.461	0.470	0.468
银川市	0.467	0.467	0.469	0.476	0.473	0.465	0.482	0.485	0.488
石嘴山市	0.476	0.481	0.482	0.485	0.482	0.487	0.488	0.488	0.489
吴忠市	0.463	0.461	0.467	0.472	0.465	0.472	0.474	0.480	0.482
固原市	0.467	0.474	0.471	0.475	0.486	0.483	0.475	0.480	0.482
中卫市	0.461	0.462	0.467	0.474	0.469	0.477	0.479	0.480	0.482
西宁市	0.419	0.487	0.490	0.494	0.495	0.500	0.492	0.500	0.503
海东州	0.465	0.459	0.451	0.455	0.450	0.455	0.451	0.460	0.445
海北州	0.468	0.477	0.478	0.477	0.479	0.490	0.483	0.482	0.477
黄南州	0.463	0.463	0.468	0.465	0.460	0.465	0.464	0.470	0.473

表 7 - 4　西北地区城乡水贫困的协调得分（四）

城市/地区	2009 年	2010 年	2011 年	2012 年	2013 年	2014 年	2015 年	2016 年	2017 年
海南州	0.471	0.468	0.469	0.471	0.471	0.477	0.477	0.486	0.489
果洛州	0.496	0.486	0.488	0.493	0.491	0.492	0.491	0.497	0.506
玉树州	0.488	0.481	0.483	0.482	0.481	0.490	0.467	0.482	0.493
海西州	0.501	0.500	0.505	0.513	0.562	0.576	0.513	0.517	0.524
乌鲁木齐市	0.470	0.469	0.473	0.474	0.477	0.479	0.485	0.487	0.486
克拉玛依市	0.483	0.487	0.491	0.494	0.504	0.503	0.502	0.509	0.508
石河子市	0.476	0.480	0.477	0.477	0.484	0.487	0.493	0.499	0.501
吐鲁番市	0.454	0.453	0.462	0.458	0.458	0.461	0.462	0.463	0.464
哈密市	0.448	0.451	0.457	0.457	0.461	0.465	0.469	0.469	0.469
昌吉州	0.482	0.492	0.513	0.481	0.491	0.495	0.492	0.512	0.516
伊犁州	0.471	0.482	0.480	0.480	0.483	0.492	0.481	0.503	0.496
塔城地区	0.472	0.487	0.486	0.471	0.489	0.488	0.496	0.507	0.502
阿勒泰地区	0.455	0.463	0.461	0.457	0.475	0.474	0.484	0.485	0.490
博尔塔拉州	0.450	0.453	0.495	0.458	0.469	0.467	0.467	0.470	0.485
巴音郭楞州	0.469	0.474	0.477	0.494	0.476	0.482	0.491	0.487	0.502
阿克苏地区	0.452	0.464	0.466	0.462	0.477	0.479	0.481	0.477	0.483
克孜勒苏州	0.496	0.508	0.521	0.528	0.455	0.457	0.459	0.468	0.465
喀什地区	0.465	0.475	0.475	0.471	0.481	0.482	0.486	0.504	0.495
和田地区	0.435	0.444	0.447	0.452	0.456	0.459	0.458	0.467	0.473

第四节　城乡贫困的空间异质性分析

一、全局空间自相关分析

如表 7 - 5 所示，2000—2017 年西北地区城乡水资源失衡性的全局自相关"Moran's I 指数"都是正值，且全部通过了置信水平为 1‰的显著性检验，这就意味着结果拒绝了原假设"西北地区城乡水资源失衡性不存在空间自相关"。由 Moran's I 指数均为正值我们可以得出，西北地区城乡水资源失衡性属于明显的具有正的空间集聚现象，由此可以说明，城乡水资源失衡性在空间分布上有明显的正自相关，同时，城乡水资源失衡性的空间分布结果并没有表现出随机形态，只是表现出相似观测值之间的空间集聚状态，也就是说：失衡性较严重的地区与失衡性较轻微的地区相邻。因此，对城乡水资源失衡性进行研究不能忽略客观存在的空间因素的影响。

通过全局 Moran's I 指数检验结果可以明确地看出：西北地区内的各地市级的城乡水资源失衡性属于在整体上呈现出了显著的空间自相关性，但是，这一结果并不能揭示出到底是在哪些地区出现了失衡性的高观测值或低观测值的空间集聚。综上所述，本书在下部分将通过局部 Moran's I 指数来研究西北地区内的各地市级的城乡水资源失衡性是否存在着局部空间集聚的现象。

表 7 - 5　西北地区城乡水贫困的协调性的全局自相关

年份	P 值	Z 统计量	Moran's I	年份	P 值	Z 统计量	Moran's I
2000	0.001 6	2.769 8	0.074 9	2009	0.001 1	2.869 7	0.079 7
2001	0.001 9	2.744 1	0.075 3	2010	0.001 3	2.824 9	0.075 9
2002	0.001 8	2.607 9	0.073 9	2011	0.001 9	3.024 6	0.078 9
2003	0.002 3	2.677 4	0.076 3	2012	0.002 4	3.031 8	0.079 6
2004	0.002 2	2.796 3	0.078 2	2013	0.002 7	3.092 4	0.082 1
2005	0.001 7	2.824 4	0.075 7	2014	0.000 9	3.134 5	0.081 3
2006	0.002 5	2.819 6	0.078 8	2015	0.001 1	3.227 6	0.079 3
2007	0.002 4	2.764 9	0.073 4	2016	0.000 8	3.154 3	0.082 4
2008	0.001 6	2.665 3	0.074 1	2017	0.001 1	3.074 6	0.080 3

二、局部空间自相关分析

运用 Geoda 对我国西北地区城乡水贫困失衡性在 2000—2017 年的全局 Moran's I 指数进行测算。出现明显的空间集聚现象，即"失衡性程度较严重的地区被失衡性程度较轻微的地区所包围"或"失衡性程度较轻微的地区被失衡性程度较严重的地区所包围"。全局 Moran's I 值呈现先增后减的趋势，并在 2016 年达到峰值，说明中国西北地区城乡水贫困失衡性的空集聚情况先增后减，异质性先减小，然后不断增大。进一步分析发现，2001 年，失衡性的 L-L 型空间类型，主要集中在陕西省和新疆西部，占西北地区总数的 25%；H-H 型主要集中在陕西南部、新疆北部和甘肃中部，约占西北地区总数的 33%。2009 年，失衡性的空间类型发生较大变化，L-L 型区域由 25% 上升至 50%，覆盖了新疆和甘肃大部分地区；H-L 型区域和 L-H 型区域略有收缩，由 33% 下降到 29%。2017 年，失衡性的空间类型变化不大。H-H 型区域继续缩小，由 29% 下降到 26%；L-L 型区域东移，比例由 50% 下降到 31%；H-L 型区域和 L-H 型区域略有扩大。在这一时期，H-H 型区域主要集中在陕西大部分地区，而L-L型区域则集中在甘肃东部和宁夏地区。进一步地，我们对失衡性的空间类型进行分析：

（1）H-H型区域包括克拉玛依市、石河子市、嘉峪关市、庆阳市、咸阳市、商洛市、安康市、宝鸡市、延安市、玉林市、汉中市、渭南市、西安市、海西州。该类型下，区域与周边区域的协调发展性均较高，空间差异较小。这些地区属于用水增长极，大部分地区经济较为发达，通过各方面的区域合作、要素流动和技术扩散，发挥了正向的溢出效应，对周边地区水资源的利用和开发起到了促进作用。但与陕西地区相比，其他地区对周边区域水资源的正向扩散作用相对较弱。

（2）H-L型区域包括伊犁州、喀什地区、巴音郭楞州、昌吉州、阿克苏地区、兰州市、张掖市、果洛州、西宁市。该区域协调发展性较高，而周边区域协调发展性较低，两者之间的空间差异较大。H-L地区与城市—农村水贫困的协调发展性高的增长极地区存在一定差距。这些地区在用水方面还有很大的改进空间，而且处于仍在大力开发自己的水资源的阶段。然而，这些地区用水量的迅速提高并没有导致周边地区的用水改善，反而呈现出一定的极化效应。扩散主要受周边地区较弱的吸引能力的相对制约，也就在一定程度上对该地区的用水效率的快速发展有所制约。但是，这些地区的经济水平相对较好。虽然由于人口增长和经济增长，自然水资源面临巨大压力，但通过调整经济和社会能力，缓解了当地的缺水状况。

（3）L-H型区域包括金昌市、吴忠市、博尔塔拉州、乌鲁木齐市、克孜尔苏州、吐鲁番市、和田地区、哈密市、塔城地区、阿勒泰地区、酒泉市、铜川市、玉树州。区域协调发展水平较低，但周边区域城市—农村水贫困的协调发展水平较高，空间差异较大。这种类型代表着从用水协调较好的地区向用水协调较差的地区的过渡区域，这些地区分布在协调发展较好的地区周围。由于受周边地区快速发展的影响，自然水资源和经济社会能力有限，周边地区经济社会的优化能力没有得到保持。此外，这些地区的经济社会适应性较低，现有的水资源没有得到充分利用。因此，这些地区受到邻近地区的影响很小。

（4）L-L型区域包括中卫市、固原市、石嘴山市、银川市、临夏州、天水市、定西市、平凉市、武威市、甘南州、白银市、海东州、海北州、海南州、黄南州、陇南市。该类型下，区域与周边区域的协调发展性均较低，空间差异较小。L-L型主要指城市—农村水贫困协调发展水平低且改善缓慢的集聚区。从空间分布上看，主要集中在甘肃省中部和宁夏大部。该区域的城市水贫困和农村水贫困问题均比较严重。由于当地经济和社会发展水平落后，水资源无法得到有效利用。并且这些地区属于"缺水地区"，尽管改进的空间很大，但是改善是缓慢的，且不可能在短时间内实现。

第五节　本章小结

1. 中国西北地区城市—农村水贫困的协调发展性在2000—2017年呈现缓慢上升趋势，变化较为稳定，城乡水资源系统失衡发展充满不确定性。同时，失衡性在空间分布上明显表现出一定的规律，呈现出空间集聚。整体上而言，西北地区的中西部区域要高于东部区域，社会经济发展水平较差的地区要劣于社会经济发展水平较好的地区。

2. 城乡分割背景下的西北地区水资源在2000—2017年存在着显著的正的空间自相关，这一结果说明：西北地区的城乡水资源系统在空间分布上并没有表现出完全随机的状态，只是表现出相似值之间的空间上的集聚，即是指失衡程度比较高的区域之间相邻以及失衡程度较低的区域之间相比邻。

3. 本章通过ESDA模型对西北地区的城乡水资源协调发展的空间上的关联特征进行了一定的分析。结果显示，西北地区的城乡水资源系统分布在时间上存在着一定的连续性，同时也在空间上具有相对较为明显的集聚性。也就是说，西北地区的城乡水贫困的协调发展性的空集聚情况先增后减，异质性先减小，然后不断增大；得出西北地区城乡水资源的空间集聚区，高高区域和低低区域的显著性水平很高。因此可以利用高高区域的优势带动低低区域的发展，合理的配置西北地区的城乡水资源分布，力争进一步的推进西北地区城乡水资源系统的可持续发展。

>>> 第八章 西北地区水资源管理的政策建议

目前，我国水资源短缺已成为一个不争的事实，用水效率低下、城市用水挤占农业用水、水资源浪费以及水环境污染等问题互相交织在一起严重制约了社会经济的可持续发展。在复杂的城乡分割的背景下，制定科学、合理、有效的水资源管理政策，实现城乡水资源的均衡发展，是本书研究的最终目的。在第三章，我们探讨了我国西北地区水资源系统的基本概况及发展中存在的问题，第四章我们运用水贫困指数（WPI）测算了西北地区水资源系统的发展程度，第五章、第六章、第七章我们从失衡性、滞后性、均衡性的不同角度分别实证分析了西北地区城乡水资源之间的关系以及时空演变趋势。在本章中，我们将根据上述研究结果，进一步探讨在该区域制定水资源管理政策的必要性以及设计原则，并在此基础上提出具体的政策建议。

第一节　问题的提出

城乡水资源发展问题是水资源管理的核心问题。水资源管理的目标是实现水资源可持续发展目标，如获得安全可靠的清洁饮用水和基本生活保障。如果没有适当的管理政策，社会经济活动会显得无规则、无形式或随意，进而导致风险，并可能导致一系列社会、经济和环境方面的负面影响（Gerten et al.，2015）。同样，制定合理的水资源管理政策也是具有重要意义的。尽管人类不断做出努力，但是没有经过科学的水资源评价而对水资源进行临时管理已经造成了巨大的损失。水资源问题本质上是全局性的、相互依存的，而且水资源状况的改善或者恶化几乎完全依赖于人类与其所处的外部环境之间的互动（Lehner，2011）。决策者们被要求应对日益增长的水资源短缺问题以及区域之间相互竞争水资源的问题，这实际上在背后隐含了一个地区的社会经济发展水平。如果综合考虑水资源的可获得性及可获得能力，在此基础上确定水资源的优先级次序，这有可能解决水资源系统面临的发展问题（Schneider and

Schauer，2006）。因此，在更广泛的程度上制定有效的水资源管理政策的先决条件是通过精确的水资源状况的评价，进而获取有用的并可供参考的信息。从水贫困的角度来说，水资源短缺不仅仅是由于本身的资源禀赋较低，更多的是制度上的缺失。没有合理的政策干预，必然会导致水资源发展的无序性和低效性。目前对于我国水资源短缺或者城乡水资源政策的制定更多的是集中于提升生产用水效率、兴建农田水利工程以及加强资金、技术的投入等方面，更多的是关注水资源的经济属性，而忽略了水资源的社会属性（Taniguchi，2017），这导致了社会结构、经济增长方式以及以资源产权为主的立法方面的关注度不高。结合贫困经济学理论、水资源评价理论、城乡发展理论，我们将水资源的政策制定主要集中于两个方面：一是社会层面的宏观水资源政策，将立法与发展经济相结合，推进水利工程建设，合理配置城乡水资源；二是居民及农户层面的微观水资源政策，提高居民收入，增强其面对水资源短缺风险的能力，提高农村水资源配置效率。结合实证章节得出的研究结论，从宏观与微观两个方面设计水资源管理政策可以有效地促进西北地区城乡水资源的均衡发展，也有利于为我国城乡水资源管理制度体系搭建一个初步的研究框架，并结合实际情况有针对性地提出了实施建议，力求为缓解西北地区城乡水资源短缺问题提供政策依据。

第二节　水资源管理政策设计的必要性

西北地区水资源系统具有时空分布不均、资源—生态系统脆弱等特点。然而它更多的是缺乏安全可靠的饮用水源和基本卫生设施。这不仅仅是水资源短缺的问题，更是水资源管理的问题（Zeitoun et al.，2016）。放眼全球，水资源短缺主要与粮食安全有关，因为农业始终是占主导地位的用水大户。粮食产量的增加必然会导致用水量的增加；这就必然要求提高农业用水效率，使之可能用更少的水生产更多的食物。供水排水基础设施的缺乏、现有水资源供应不足以及用水效率低下的问题同样需要解决。受计划经济体制影响，我国的水资源系统管理呈现出"多龙管水"的局面，环保、农业、城建、水利、城建等多个政府部门均对水资源管理施加影响，水资源系统在运行过程中存在诸多问题。扶贫、卫生、粮食等一些部门在部分地区的水资源系统的实际运行中未能有效对接起来，低水平的重复管理现象屡见不鲜。此外，城镇浪费水资源的现象依然存在，部分水利人员的专业素质不强，技术后备储备不足。水资源管理组织亟须调整、水资源政策亟须优化。

一、水资源分配不公

提高水资源利用效率以及兴建水利工程的根本目的是为了实现更高的社会

效益与生态效益，从而达到水资源的可持续发展。由于地区之间、行业之间各自为政、独立发展，城市挤占了大量的农村用水，导致工农业之间、地区之间的用水矛盾冲突严重。随着城镇化率提高与经济增长，城市为了维持生活质量与生产运转，对水资源的需求激增（刘志明和刘少玉，2006）。在自身水资源量与降水量恒定的情况下，向农村要水也就成了必然之举。在水资源相对丰富的灌溉农业区问题也较为突出，水资源短缺严重。2017年，西北地区的农业人口占总人口的47.82%，第一产业GDP占国内生产总值的10.02%，农业用水却占据了用水总量的75%以上。以牺牲农业用水与生态用水为代价保证城市经济用水需求和人口用水需求，使得西北地区的农业用水缺口不断扩大，城市和农村之间的用水矛盾极为突出。以西安市为例，2000年，农村地区的人均生活用水为120升/人，城市地区的人均生活用水为200升/人，农业用水为8.71亿立方米，工业用水为1.49亿立方米；2017年，农村地区的人均生活用水为140升/人，城市地区的人均生活用水为300升/人，农业用水为5.66亿立方米，工业用水为1.85亿立方米，人均生活用水由城市和农村地区相近转变为农村不足城市的一半，城乡用水矛盾日益激增。

二、基础设施投入不均

城乡供水排水基础设施投入严重不均。首先，城乡基础设施投资渠道单一。从新中国成立至今，尤其自改革开放以来，为保证城市优先发展，国家为城市输送了大量的人才、资金、技术以及设备。这种偏向性的政策导向使得城市供水排水设施发展迅速。而我国自1983年实行家庭联产承包责任制以来，农民的人均收入有了显著的增长。农民以农业生产为主要收入来源，对农田水利设施具有较强的依赖性（王贵忠和张莹花，2011）。但是以家庭为单位的微观经营主体使得自身不足以建设价格昂贵的大型农田水利设施，然而农田水利设施以及农户的供水排水设施作为公共物品的属性具有较强的公益性，缺乏稳定持续的效益因此也使得农户以及社会资本直接建设较难。与城市相同，国家应为农田水利设施唯一的建设主体。然而，国家对于城市供水排水设施投入远远超过农田水利设施。以新疆的克拉玛依市为例，城市的供水排水设施的年均增速在7%以上，农田水利设施的变动几乎为0。在农田水利设施增长较快的渭南市，耕地面积呈逐年下降的趋势，这说明了其农田水利设施的建设与农田规划不匹配，进而出现了农田水利设施重复建设的局面。我们进一步探究了该地区出现这种现象的原因发现，该地区的农田水利设施尽管增长较快，占用了国家大部分的投资，然而与之相伴的人才储备供应不足。即使农户负担得起小型农田水利设施，然而在西北地区刚刚处于起步阶段。目前，还存在着产权不明晰等问题，缺乏相应的法律配套制度与有效的正向激励机制，因此难以平衡各方的利益。大型农田水利设施属于"准公共物品"，社会力量进入的意愿不足，农户没有能力参与。同时，"大水漫灌"的传统灌溉方式变化较小，城市水利工程的增长率远超农田水利基础设施的增长率，这种种原因造成了一种农田水利设施"重建设，轻管理""有人用，无人管"的尴尬局面。城市"国家投资，人才干事，高效利用"与农村"国家投资，人才缺乏，低效治理"相互矛盾，以政府投资为主的投资体制有待革新。

三、水资源环境恶化

城乡水资源环境恶化，居民饮水安全面临严重威胁。目前水污染是我国城乡面临的最严重的环境问题之一。在传统的城市工业、居民生活用水导致的水污染逐渐缓解的同时，农村化肥过量施用的农业面源污染对水环境的负面影响却愈演愈烈（王苏民等，2002）。以兰州市为例，该区域城市的工业污水处理率较高，然而农业面源污染导致了当地水体污染严重，如：化肥过量施用后其通过地表径流和农田渗漏污染水体，同时农村的污水处理设施一直未得到有效建设，从而威胁到当地的粮食安全与居民饮水安全。另外，尽管国家发布了保障农村饮水安全的政策文件，从原则上强调了保障农村居民饮水安全的重要性（孙才志等，2015），但我国的农村人口基数过大，仍有五分之二居民的饮水安全尚未得到妥善解决，因地制宜、有的放矢的城乡水污染治理依然任重道远。

四、管理与技术人才不匹配

城乡水利人才与水资源管理人员不匹配。受计划时代水资源管理体制的影响，目前，我国的水资源管理依然处于一种多头领导的局面，管理效率也十分低下（徐中民和程国栋，2000）。城市的水资源管理体制较为完善，在规划、投资、建设等方面做到了一体化管理。相较于城市，我国农村的水资源管理依然任重道远。比如，基层水资源管理组织不完备、水资源规划不合理、水资源基础设施老旧严重、水资源投资严重不足。最重要的，还是水资源管理人才的缺乏（孙才志等，2015）。与城市相比，水资源的管理人员与技术人员不仅数量较少，而且在专业素养方面也亟待提高。人才的匮乏与专业技术的缺失，导致了"有设备无人会用"的尴尬局面，摆设大于应用（孙才志等，2015）。而农户管理中也出现了"管不了"和"管不好"的局面。相比于急剧增加的水资源发展利用需求，农村水资源基层管理较为落后，管理效率低，基层管理组织亟须视情况优化其结构。

第三节　水资源管理政策设计的原则

水资源短缺危机的根源在于管理，这包括了可持续的管理方式、水资源的公平配置以及水资源的有效利用。水资源管理的原则是分权，即由中央政府负责制定政策及提供援助，同时将权力下放至统一的水资源管理部门。这种分权应该以流域为核心，以区域为重点。因为流域是水资源管理和国土规划的天然单元（Chavesand Alipaz，2007）。然后，以流域为基准，将其包含的行政单元进行划分，这需要一个基于跨学科方法的政策框架以利于捕捉到水资源短缺的本质，基于发展内容的框架设计和基于证据的计量分析，从而有针对性地制定相关措施。缓解城乡水贫困问题的政策应主要注重以下四个原则：

一、坚持水资源利用效率优先

在城乡水资源矛盾日趋紧张的背景下，作为维持生命和生产运转的基础性资源，水资源的高效利用对缓解区域水资源短缺问题意义重大。这里的效率不仅仅指的是用水效率，也应考虑到配置效率。用水效率关注水资源在不同产业间（例如，农业、工业、服务业）、不同用途间（例如，生产用水、生活用水、生态用水）产生的综合效益，简言之，用水效率表明了单位水资源小的最大效益或者单位效益小的最小用水量，它更多的是考虑到用水主体的技术水平与节水能力。而配置效率则关注水资源在不同的用水主体间（例如，政府、企业、居民、城乡、流域以及行政区域之间）的合理分配，不同用水主体之间形成了激烈的博弈，使得它更多的是一种制度、管理以及法律上的体现。城乡水资源政策的制定，首先应坚持效率优先，综合考虑水资源的利用效率与分配效率，最终实现城乡水资源的高效利用。

二、兼顾城乡用水公平

公平性是水资源配置的首要问题，也是核心问题。水资源的不可替代性表明了水资源应该在不同用水主体之间公平合理分配。城乡水资源公平分配不仅仅体现为水资源量上的公平分配，也包括水资源权利上的公平分配。这就要求在协调不同区域的城市和农村水资源分配时要保证不同主体对于水资源的需求，尤其要满足弱势群体的用水需求。

三、以水资源的可持续利用为目标

作为基础性资源，水资源是社会发展和经济增长的重要生产要素；作为生存性资源，水资源在维持生命和生态系统健康运转方面发挥着不可替代性的作用。水资源是可再生资源，因为地球上超过三分之二的面积被水所覆盖，从这个角度来说它是取之不尽用之不竭的；水资源又是不可再生资源，尽管地球上有庞大的水资源量，但是剔除尚难以大规模利用的海水与冰川，给人类实际利用的淡水资源不足水资源总量的3%，这就要求我们在制定水资源管理政策时必须坚持可持续发展的原则。既要兼顾生活用水，也要兼顾生产用水，既要重视当代人用水，也要重视后代人用水，从而力求实现水资源在代内之间与代际之间的永续利用。

四、注重水资源政策设计的前瞻性与战略性

作为我国传统意义上的干旱区域，西北地区水资源配置严重不均衡。水资源系统的有效运行也因此面临着一定程度的阻碍。水资源短缺、城市用水大量挤占农村用水、气候干旱、工业废水及农业面源污染等都成了城乡水资源系统的主要制约因素。与此同时，该区域聚集了我国大部分贫困地区，水利基础设施较少，水利技术落后，受制于经济发展乏力，制约了该区域取水、用水能力的发展。面对存在的诸多问题，因地制宜、有的放矢的拟定水资源管理政策是解决水资源短缺问题的有效手段。这就要求在水资源管理政策的设计过程中必须注重政策的前瞻性，将其当作一项战略任务加以完成，进而从制度上缓解城乡水资源系统之间的矛盾与面临的发展压力。

第四节　西北地区水资源管理的若干建议

我国的水资源管理制度形成于新中国成立初期，在改革开放后逐步得到完善。随着城镇化进程加速与经济增长，水资源系统面临着越来越复杂的挑战，在计划经济向市场经济的转轨时期，水资源管理制度由于自身的不完善性暴露出越来越多的问题，诸如水多（洪涝灾害）、水少（干旱灾害、水资源短缺）、水脏（水源污染）以及水冲突（围绕水资源展开的冲突）等。解决水资源系统的问题需要一个长期性、系统性、综合性的方案。然而像节水技术、污水处理技术、调水技术等技术手段需要通过建立有效的体制机制才能得到有效保障。因此，我们亟须从制度层面建立水资源管理体系以保证水资源的可持续利用。依据我们研究结论得出的启示：水资源管理体制的建立需要考虑水资源系统所具备的多重属性（诸如，资源、设施、能力、使用、环境），并综合考虑人们的节水观念对水资源系统的影响，水资源管理体系主要应从以下几个方面考虑。

一、建立统一的水资源管理体系

由第四章的结论我们可知，西北地区城乡水资源处于一种差距持续拉大的状态。目前西北地区城乡水资源系统面临的最严峻的挑战是水资源量短缺与水质污染严重。城市水资源系统对于两者的处理方式是向农村要水以及向农村排污。而农村对于两者的处理方式是被迫承受（中国科学院可持续发展战略研究组，2007）。在应对水资源系统的挑战时，我们必须吸取过去的教训，不要让这些挑战持续下去。政府行为通常是首要的"解决方案"。更确切地说，是需要政府牵动各方对当地的水资源状况做出反应，建立一个灵活的、适应能力强的统一管理体系，以求在更大范围上和更深程度上做出变革。管理体系应主要表现为两方面的统一。受计划经济体制的影响，水资源的管理主要由政府部门负责，我国形成了"多龙治水"的管理体制。水质主要由环境与卫生部门负责管理，灌溉用水由农村水利部门负责管理，地表水与地下水又由各个流域委员会进行管理，居民用水由水务公司进行管理，而节水由水利委员会负责宣传。时至今日，我国尚未形成一个清晰的水资源管理体制，各个部门权责不清，导致了"管理靠文件，文件一刀切"的局面。各级水资源管理部门政令不一，管理脱节现象时有发生。管水不治水，治水不节水，节水不灌溉，灌溉不治污，这种多方管水必然造成政府管理成本过高以及管理效率低下。我们应将各个水资源管理部门置入一个大的统一管理框架之下。水资源管理组织应秉持着专业化、科学化、市场化的发展理念（张丽君，2004）。第一，应坚持以人为本的原则，将保证居民生活用水作为重中之重；第二，明确农业用水管理部门的权责，引入竞争、激励和补偿手段，推动农业用水管理方式市场化发展；第三，以经济手段为主，行政手段为辅在各个用水主体间实现水资源的合理分配。农业用水是我国产业中的用水大户。然而现在的发展趋势是农业用水在逐渐被工业用水以及居民生活用水所挤占。根据我们的分析，单位用水工业创造的产值要远远高于农业，因此单纯的通过市场经济手段，农业处于绝对弱势的地位。然而，鉴于农业在国民经济中的基础地位，我们必须辅之行政手段。政府根据产业间的效益，制定合理的"以工补农，以财补农"补贴政策，进而平衡各个用水产业之间的用水需求，保证各项产业的用水需求。透过合理的补偿政策，既有利于提高用水效益，又有利于实现用水公平，也为水资源在城乡间、产业间的合理配置提供了制度保障。第四，为了打破城乡分割，建立水资源要素流动管控机制，建立良好的区域信息交流平台有利于实现水资源的优化配置。比如：①建立城乡政府间的信息交流渠道。通过政府内部网络信息平台，定期召开水资源管理各部门的会议，以多种渠道多种形式加强部门间的水资源信息交流，加强水资源管理部门间的问题磋商，及时解决水资源问题（多水、少水、污水、抢水）。②由上级部门建立地区间的信息协调机构。水资源系统产生的问题往往发生在村与村之间，流域与流域之间。双方各自为政，各不相属（张晓鹏和张鑫，2009），在沟通过程中，出于各自利益的考虑难免会出现争端，引发歧义。因而应建立更高一级的相应的组织机构进行协调与监管，全面保证区域间水资源系统管理的高效性。

二、强化水资源法律保障与监督体系

为了保障"用水主体的权益"，实现水资源系统可持续发展，"有法可依，执法必严"是水资源管理的重要支撑力量与监督力量。政府和政府支持下的立法机构，必须本着集体精神与协作精神，负起对水资源系统管理的主要责任（Vorosmarty，2010）。用水管理、节约用水、用水分配、水利工程建设与运行都需要受到法律法规的保障。我国水资源管理的相关法律体系有4部，分别为《中华人民共和国水土保持法》（1991年）、《中华人民共和国水法》（2002年）、《中华人民共和国水污染防治法》（2008年）、《中华人民共和国环境保护法》（2014年）。在此基础上，国务院、地方政府以及水利行政部门还颁布了各种相关行政法规，作为法律的补充部分。通过我们对4部法律与相关行政法规的梳理，目前对于水资源的分配制度以及水权等做了明确的规定。然而，对于目前我国城乡水资源发展过程中所折射出的诸多问题，我国还未形成系统全面的法律法规。特别是到地方，尤其农村基层，法律意识淡薄，法律体系的威慑力不足，导致各用水主体之间围绕水资源产生的冲突时有发生。尽管现有的水资源相关法律法规体系能基本保证我国水资源系统正常运转（苗贵安，2013），但在具体实践中，由于法律法规解释相互之间不明确，有可能会导致法律效力弱化。在首先考虑法律主体的基础之上，针对不同区域各自的经济发展状况，制定符合地方水资源系统实际状况的行政法规，有助于补充现行水资源管理法律体系上的漏洞，从而保证水资源系统的合理运行。建立完善的法律法规体系，除了由立法机构主导下的专业的法律人士制定外，也要考虑到水文专家、环境专家以及社会专家的建议，同时呼吁更多的人民群众参与进来，这不仅仅有助于建立切实可行的法律法规以解决问题，还是一个国家民主进程的重要标志。立法机构主导可以有效地保证法律条文的权威性，法律人士制定可以保证法律条文的专业性，水文专家、环境专家以及社会专家的参与可以保证法律条文的合理性与科学性，而群众参与范围与程度则决定了法律的普适性，四者缺一不可。这里我们重点讨论群众参与水资源相关法律法规制定的重要性。群众作为社会最重要的用水主体，在将他们纳入法律制定过程中，可以有效地保证他们的知情权、参与权以及监督权。他们才是真正站在水资源问题的第一线，他们往往会发现一些专业人士忽略的问题，对法律法规的制定会有一个良好的补充完善作用。在充分发挥群众参与权的同时，也要保障群众的知情权，增强群众的责任感。建立透明的信息披露制度有利于保证其知情权。通过定期发布政府水资源公报、水资源听证会、水资源专家研讨会也有利于提高群众的知情权，提高群众信息判断力，进而有利于群众提出合理的意见。保证群众的监督权，将水资源管理部门纳入群众的监督之下，有利于提升管理效率。对水资源管理部门的执法队伍加以有效监督与考核，执法行为予以统一化、透明化，进而使水资源管理部门的工作得以顺利开展，在水资源管理过程中能真正做到有利于民。

三、推进农田水利设施产权制度改革

水权问题一直是水资源管理制度建设的核心问题。从新中国成立到现在，水权一直被法律确定为国有属性，而禁止私有。1985 年发布的《水利工程水费核定、计收和管理办法》对水利工程、水费、水库等相关产权做了较为详细的规定，初步将我国的水资源推向了可交易的阶段（孙才志等，2015）。明确水权制度，规范用水办法，可有效降低用水产生的负外部性，有利于提高用水产生的效益，优化水资源配置。然而，与城市相比，农村水权仅仅停留在理论制度阶段。实践操作远远落后于理论。这主要是由于水权交易双方城乡地位不对等、交易价格行政化固定化所导致的（左其亭和张云，2009）。农村水价远低于成本价格，一直未引入市场手段调节水价。现在的农村自来水普及率较高，西北地区已经达 60％以上，对于水价的收取较为合理。然而对于农业用水的水费问题引起了较大争议。由于我国农业人口众多，耕地面积较大。各区域农业用水的计量手段不相统一，出现明显差异，往往按人头或者按耕地面积计算。同时，我国大部分地区依然采用私自引河大水漫灌的方式，滴管等技术尚未全面展开，对于水量的监控难于把握。因此，对于水费的收取也就很难合理开展。建立较为先进的小型农田水利工程以进行精确衡量灌溉用水数量成为一个有效的解决方式。但是又会随之产生第二个问题：水利工程的产权问题。大型水利工程数量少，价格昂贵，种类少和适用性广的基本特性决定了需要政府投入才得以运营。大型水利工程具有较强的公益性，出于理性人"搭便车"的行为，使用主体很难选择租赁或者承包（张翔等，2005）。对于大型水利工程的产权改革一般效果不强，即使有使用主体愿意承担，也会出现管理能力不足和管理效果低下的情况。与大型水利工程不同的是，农田小型水利工程分布广泛、价值低、种类多等特点决定了农户即使不依赖政府也负担得起成本。因此，政府应积极探索小型水利工程产权的改革形势，逐步由国有向私人所有过渡，促进用水主体共同开发、共同投资，最终实现所有权、管理权、经营权三权合一的管理制度（孙才志等，2015）。对于集体的小型水利，也可通过拍卖、租赁或者承包的方式将所有权与管理权、使用权分开（史丹等，2018）。在这基础上，政府有义务出台相关政策文件积极引导利益主体进行协商，明确各自所承担的责任和利益分配。依法办事，解决小型水利设施经营者、所有者、使用者之间的利益冲突。

四、加速城乡水资源管理一体化发展

在推进新型城镇化与乡村振兴战略全面开展实施的关键时刻，城乡水资源管理一体化应该在城乡融合方面优先推进。改革开放至今，为了保障城市的发展，农村已经牺牲了太多自身的发展利益。党的十九大报告中提出了"乡村振兴战略"背景下，应全面实施城乡融合的体制机制的发展战略，在区域的中心城市带动下，辐射周边农村。①应精简水资源管理部门，转变"多龙治水"的管理方式。大力推行"河长制"，使城乡水资源发展问题由地区行政一把手进行管理。同时，将管理任务化、具体化、考核化，从而提高水资源系统的管理效率，这样有利于克服"政出多门"以及"管理脱节"等问题。②通过统筹考虑水资源量与区域人口密度，统一规划，构建城乡供水系统和污水废水处理系统。对旧有的水利工程实施改建、扩建，实现城乡水资源系统联网整合，对城乡水资源供水系统、排水系统以及污水处理系统统一管理。③考虑建立公益性的城市用水户协会与农村用水户协会，将其纳入水资源管理部门的统一管理之下。管理部门主要应吸收具有相关专业背景的用水主体，有利于实现用水主体作为用水者和管理者的身份统一，进而提高用水主体在用水、管水过程中的积极性与参与性，为提高水资源管理效率奠定组织基础。④城市水资源问题主要集中于污水问题；农村水资源问题主要集中于缺水、污水以及自然灾害等问题。然而两者所处的地位以及得到的政策扶持相差甚远。因此，在保证城市水资源服务的同时，应该使农村享受与城市同样的服务。参考城乡电网的管理模式，农村水资源网络实行水利维修人员"村庄负责制"，一个人服务一个村庄，监测供水质量，检修供水管道，管理供水时间以及协调用水矛盾，争取当天的问题当天处理。

五、改革水利设施投资制度

水利设施包括城市和农村的供水管道、排水管道、污水处理设施、农田灌溉设施以及水库等。它是居民饮用水安全和生产建设的硬件保障。然而水利设施一般都是跨区域的大型工程，其在建设、运行、管理以及维护过程中都需要投入大量的资金。国外对于水利工程的建设大都是融资性或者通过外包给私人公司进行建设、运行、管理与维护。受社会主义制度的影响，我国的水利设施基本上都是政府扶持的重点项目。其所需要的资金主要来源于财政拨款。然而，随着经济发展与人口增长，人们对于水资源质量与数量的需求大幅提高。单靠政府财政拨款已经难以保证水利设施的资金需求。对于农村而言，尽管我国政府已经大力提倡农户建设小型农田水利设施，并对其进行财政补贴。但是依靠政府投资已经难以弥补大量小型农田水利设施造成的资金缺口。同时，农户对于小型农田水利设施的投资热情不高。大多数还是停留在靠天吃饭的思维。城市水利设施靠要，农村水利设施靠等，水利设施面临着较大的资金压力。因此，本书建议建立政府主导、社会各界参与的多渠道水利设施融资模式以保证水利设施投资的延续性与稳定性。①水利部门应积极与企业对接，建立以政府为主体的联合投资平台。通过减税、补贴或者优惠政策，吸引多家企业进入投资平台。参考交通基础设施建设，根据协商的方案，水利设施运营（尤其是城市）所产生的经济效益在各利益主体间合理分配。②金融机构应充分做好水利设施建设的支持工作。基于农业水利设施本身较强的公益性以及低收益，企业对于进行农村水利设施的投入抱有抵触态度。这里需要政府吸引以农村信用社为主体的金融部门对农村水利设施进行项目投资或提供贷款。允许参与投资的金融机构开发与农村水利相关的信贷产品，并制定相应的办法对其开发的产品进行引导与约束。同时金融部门引导涉农企业对农村水利设施进行投资，将这种行为纳入企业贷款的能力考评标准中，以经济手段引导企业加大对农村水利设施的投资力度。

六、完善水资源补偿政策

现有的农村水资源补偿政策大多为方向性的意见，少有具体的补贴标准。并且，在政策实施过程中，会存在理论与实际脱节，适用程度不高，专项资金不足以及落后地区补贴难等问题。这些问题产生的主要原因，一方面是由于水资源补贴政策的不合理，另一方面是由于农村所处的地域自然与社会经济状况。同时，相对于气候湿润的东部而言，西部地区干旱缺水，生态环境更加脆弱。而农业为"耗水大户"，农民的节水意愿不强，因此农村水资源补偿政策有必要进一步完善。①将农村水资源补偿政策纳入乡村振兴战略与精准扶贫战略之中，国家进行顶层设计，引导水资源补偿政策的方向与原则，对农村水资源的补偿方案从补贴范围、补贴标准以及实施方式有一个大致的规定；地方在中央政策的基础上，根据各自的区域实际情况，设计出具体的补偿方案。通过建立中央—地方双重协作模式，农村水资源系统健康发展。同时，设立农村水资源补偿专项资金，对于资金的来源可以考虑由政府独立投资转变为"谁受益谁付费"，将补偿资金由受益者向被补偿者转移，进而将原先由政府独资的行为方式，转变为"受益者付费"，即城市排放导致的农村污染，由排污者负责治理。同时，成立专门的专项资金管理机构，落实水资源补偿资金的管理与使用，将资金用于农村污水治理、水利设施的修建与维护等方面，从而实现城乡水资源系统间的良性互动。②推行对于农户层面的补贴，诸如为了涵养水土的退耕还林、还草补贴以及推行节水技术的节水灌溉补贴。这些政策的制定与实施，应重点关注西北地区的严重缺水地区、生态脆弱地区以及脱贫攻坚地区。这些地区往往经济发展水平较差，地方政府的财政自给率不高以致政府宏观调控能力不强，在政策实施中面临一定的困境。因此，这需要国家层面或者省级政府层面从资金与政策方面向这些地区倾斜，尤其是通过资金补偿、技术补偿或者实物补偿的方式，保障这些地区生态补偿政策与节水灌溉政策顺利开展。③设置改水改厕专项资金，加快推进城乡污水、废水一体化处理。④针对由化肥、农药导致的农业面源污染，探索奖惩机制。推广有机化肥与低毒、低残留的农药，同时结合小型水利设施的喷灌、微灌技术，降低水体的污染程度。

七、提高全民水资源保护意识

通过水资源管理措施与技术进步提高用水效率是建立科学有效的水资源管理体系的外部保障，全民具有的水资源危机意识才是其内在动力的根本所在。如果人类不能从思想的高度深刻认识水资源保护的重要性，那么再好的水资源管理政策与管理手段也会失去效用。人民的水资源保护意识既是一个人文明素质的体现，也是水资源管理政策有效与否的基础，更将影响到水资源能否得到可持续利用。①提高人民的水资源保护意识，首先要通过持续的大范围的宣传方式，提高人民参与水资源保护的覆盖面。通过互动式的教育方式，使人民参与进来，深刻认识到水资源保护的重要性；通过定期开展法制教育，使人民对水资源相关法律法规以及造成水污染所需承担的后果有一个深刻的认识，从而做到"知法、懂法、守法"。②政府公开水资源污染以及冲突相关信息，赋予人民充分的知情权，鼓励公民参与水资源管理政策的制定，保障人民对水资源浪费、污染行为的监督权；引导社会各界（比如水资源保护协会）参与水资源保护活动，协助政府宣传水资源保护的理念，将节水意识、保水意识从娃娃抓起。③通过积极宣传水资源归国家所有，让用水主体明确：像用电一样，用水必须有偿使用。建立用水登记制度，统计不同的用水主体、用水量，实行用水定额管理，对不同的用水主体按产业耗水程度与时间峰度实行差额定价。只有引入经济手段进行调节，才能有效提高人们的节水意识。对于农村地区的灌溉用水，继续推行终端水价制度，水费计量方式由"按亩收费"到"按方收费"进行转变，鼓励农户将节约用水理念付诸行动。

第五节 本章小结

我国水资源在空间上呈现南多北少的分布格局，城乡之间水资源的可获得性与用水能力、用水权利不匹配。水资源系统的建设与管理是关乎国计民生的大事。基于我国城乡水资源发展失衡的状况，本章结合前文的理论分析与实证分析，提出了一些西北地区水资源系统管理的政策建议，包括管理方式、立法、产权、城乡一体化、投资、补偿以及水资源保护意识这七个方面。具体如下：①坚持水资源的行政集权与城乡管理一体化，采用高效、科学、合理的模式进行水资源管理；②完善水资源管理的法律法规制度，为水资源保护提供坚实的保障；③推进农田小型水利设施产权改革，建立多元化多渠道投融资制度，完善水资源补偿制度，实现水资源系统社会效益、生态效益以及经济效益的有机统一；④建立专业化和市场化的工程维护体制，逐步实现工程管、养业务的分离；⑤树立公众水资源保护意识，从根本上推动全民参与到水资源保护的行动中来。

第九章 结论、不足与展望

　　水资源是人类赖以生存和发展的基础。近年来，由于人口增长与经济发展，导致人类用水量激增，水资源短缺严重；同时，化肥农药滥用以及工业废水排放导致水质下降明显。虽然政府采取了一系列的水资源管理政策与治理措施，但效果有限，主要原因在于水资源自身的自然属性、经济属性、生态属性之间的复杂性，使得无法准确评价水资源的发展状况。制定有效的水资源管理政策的先决条件是掌握精确的水资源发展状况。通过梳理现有的水资源评价方面的文献发现，现有研究主要侧重于用水效率的测度、水资源量与经济增长之间的关系，较少考虑统筹兼顾社会与环境背景下的水资源短缺问题，无法有效反映出水资源系统的真实状况。针对此问题，水贫困指数将水资源的可获得性、用水安全、人类福利以及生态环境统筹考虑，是水资源管理的集成分析框架和有效工具。本书研究的核心问题是如何解决城乡水资源发展失衡的问题，主要围绕三个方面开展研究：第一，城市水资源和农村水资源的发展状况如何？第二，城市水资源和农村水资源之间存在怎样的失衡关系？第三，如何制定合理的水资源管理政策以解决城乡水资源发展失衡难题？针对第一个问题，本书运用水贫困指数，从资源、设施、能力、使用与环境五个维度测算了西北地区各地市 2000—2017 年的水贫困程度，反映出西北地区各地市水资源系统的真实情况；针对第二个问题，本书尝试将城乡分割视角引入到水资源评价的分析框架，同时从时间和空间的角度全面评价西北地区城乡水资源发展的失衡情况；针对第三个问题，本书在前两个问题得出的研究结果的基础上，分析了水资源管理政策制定的必要性与原则，最后给出了相关建议。

第一节 主要结论

　　制定科学、合理、有效的水资源管理政策是实现城乡水资源均衡发展的有效手段。而对研究区域城乡水资源发展状况的准确把握，是制定水资源管理政策的前提条件。基于此，本书首先对现有的国内外相关研究进行总结，系统梳理了水资源评价方法。在此基础上构建了水贫困评价框架。其次，在水贫困测算的基础上，基于城乡分割的视角，分别从共生、滞后、协调三个方面全面评价了 2000—2017 年中国西北地区城乡水资源发展的失衡程度，并从时间演化方面与空间异质性方面对其失衡性进行全面分析。最后，基于上述研究所得出的结果，设计了切实可行的西北地区水资源管理的政策措施。以下是本书的主要结论。

一、西北地区城乡水贫困逐年改善，两极分化现象较为严重

通过梳理现有研究，我们将水贫困理论作为西北地区水资源评价的主要工具。基于西北地区各地市的相关面板数据，本书从城乡分割的视角，利用水贫困指数测度了中国西北地区 2000—2017 年 52 个地市的水资源发展状况。从 2000—2017 年中国西北地区城乡水贫困值的变化情况来看，各地市之间的城市水资源发展状况和农村水资源发展状况之间具有明显的差异性。城市水贫困得分在 0.118～0.443，整体得分呈现出明显的上升趋势，说明西北地区城市水资源系统的发展状况显著提高；农村水贫困得分在 0.146～0.352，整体得分呈现出缓慢的上升趋势，说明西北地区城市水资源系统的发展状况缓慢改善。进一步地，我们运用核密度估计函数观察了城市水贫困和农村水贫困的演化趋势。城市水资源的两极分化要比农村水资源的两极分化更为严峻。随着时间的推移，城市地区和农村地区的两极分化差距已经逐渐缓解。通过运用最小方差法对城市水贫困和农村水贫困的驱动因素进行判定，城市水资源和农村水资源的驱动因素存在明显的空间集聚现象，使用维度和环境维度等为影响城市水贫困和农村水贫困的共同驱动因素，说明水资源的空间分布不仅与地理空间有关，还与用水效率、生态环境具有密切的联系。

二、西北地区城乡水贫困的失衡关系总体上不容乐观

对我国西北地区城乡水资源发展驱动机制的全面剖析，可以为之后的实证分析提供强有力的理论支撑。本书首先对西北地区城乡水资源系统共生发展的内涵进行了解析，指出了城乡水资源发展具备开放性、非平衡线性、非线性的特征。同时，基于共生模型，给出了我国城市水资源和农村水资源的实证分析框架。实证结果表明：利用遗传算法估计模型参数，分析出城市—农村水贫困复杂系统的共生类型。西北地区城市—农村水资源系统的演化类型主要分为三种：协同型、竞合型（城市优先型与农村优先型）以及冲突型。城市—农村的合作强度存在显著的不平衡。研究区域的 52 个地市中有 36 个地市存在明显的竞争和矛盾，另外 16 个地市从参数上看是协同型区域，然而，其中有 5 个地区处于低水平的协同阶段。这表明西北地区城市水资源和农村水资源的发展失

衡关系的总体形势不容乐观。近70％的地区仍处于相互制约或孤立发展阶段。共生系数较好地反映了西北地区城市水资源和农村水资源发展失衡的类型，对实现西北城乡水资源均衡发展的政策制定具有重要的参考价值。

三、西北地区城乡水贫困的滞后关系将持续恶化

本书采用脱钩理论和计量分析方法分别对2000年与2017年我国西北地区城乡水贫困的脱钩关系进行评价，揭示了西北地区城市水资源和农村水资源两者之间的滞后关系。2000年，西北地区城市水资源与农村水资源之间的关系以扩张负脱钩、弱脱钩、衰退脱钩为主；2017年，西北地区城市水资源与农村水资源之间的关系以扩张负脱钩、弱脱钩、强负脱钩为主。西北地区城市水资源与农村水资源之间的失衡程度呈现一种恶化的趋势。同时，按照计量经济模型方法，创造性地引入了ARMA模型对未来五来西北地区城市—农村水贫困失衡性进行预测，结果显示2018年－2020年，城乡水贫困的脱钩类型将以扩张负脱钩、弱负脱钩以及强负脱钩为主，这表明西北地区城乡水贫困的失衡性依然处于一种持续恶化的态势，亟须进行政策干预。

四、西北地区城乡水贫困协调性呈现明显的空间集聚现象

本部分内容在城乡分割的背景下，借助于考虑区域协调发展的H－D模型反向测度了西北地区城市—农村水贫困之间的失衡水平。我们将城市—农村水贫困的协调发展类型分为四种：强协调发展区域、中协调发展区域、较弱发展区域以及弱发展区域。从协调发展类型的变化情况可以看出，在2000—2017年呈明显的下降趋势，这表明城乡水资源的失衡性明显加剧。同时，失衡性在空间分布上明显表现出一定的规律，呈现出空间集聚。这表明空间因素对于城市—农村水资源的失衡性具有重要影响。从失衡性的空间布局来看，西北地区城乡水贫困的协调发展性的空集聚情况先增后减，异质性先减小，然后不断增大；得出西北地区城乡水资源的空间集聚区在高高区域和低低区域的显著性水平很高。通过对空间差异的把握，有助于缩小西北地区城市—农村水资源之间的差异。为决策部门制定城乡水资源均衡发展政策提供了有利参考，有利于推动西北地区早日实现水资源的可持续发展。

第二节 不足与展望

本书为城乡水资源之间失衡关系的研究提供了可行思路，从而为水资源管理政策的制定提供了更加科学的参考依据。但是，本书的研究仍然存在以下一些不足之处，具体如下：

（1）为提高水资源系统量化评价的准确性与科学性，本书结合我国的具体国情与水贫困理论内涵设计了针对西北地区城乡水资源系统的评价指标体系，并借助指标的信度模型与相关性方法对其进行更为合理的检验。即便如此，从已有研究经验来看，运用同一套指标体系测算不同的研究区域，仍然存在高估或者低估某些区域水资源发展状况的可能性。后续研究中，如何选择更为合理有效的指标变量和参数检验，提高城乡水资源量化评价的准确性，仍将是继续进行探讨和研究的重点。

（2）西北地区作为我国传统意义上的干旱区域，地域面积大，气候干旱，降水稀少，水资源分布严重不均，其宏观尺度的研究对于区域水资源管理政策的设计起到了一定的积极作用。然而，对水贫困状况进行宏观尺度上的水贫困评价不多，中观尺度上的水贫困评价更是凤毛麟角。从现有研究来看，仅有国外的少数学者从微观的视角对水贫困展开了研究，例如：Jemmali 在 WPI 的基础上，结合水资源的可用性和社会经济发展状况，评价了突尼斯地区沿海城镇的社区尺度的水贫困现状，对沿海地区制定水资源短缺的措施提供了参考依据。本书揭示了中观意义上的西北地区各地市水资源发展状况，但并未从微观层面上进一步探讨区域差异产生的原因及其可能引致的政策需求。因此，后续还需进一步从微观尺度上对城市—农村水贫困展开研究。将区域层面上的宏观尺度与社区层面上的微观尺度相结合，有可能使得城乡水资源系统关系的量化结果更为准确，从而针对不同区域的城市—农村水资源关系的研究精准化、差异化，使其提供更多的参考依据。

（3）由于目前国内外运用共生模型测算城乡水贫困的研究不是很多，尽管本书结合相关文献在一定程度上对共生模型进行了简化分析，但由于共生模型是一个较复杂的数学模型，在指标数量与系统状态两个方面需要进行多次的计算（刘莹，2014），同时在城市和农村共生关系的解释方面还需要进一步提供有力的理论支撑。

参考文献 REFERENCES

鲍超，2014. 中国城镇化与经济增长及用水变化的时空耦合关系［J］. 地理学报，69 （12）：1799－1809.

鲍超，方创琳，2006. 水资源约束力的内涵、研究意义及战略框架［J］. 自然资源学报，21 （5）：844－852.

巴赫，2016. 全球气候变化背景下跨界流域水、能源和粮食安全的合作［J］. 水利水电快报，37 （8）：1－7.

蔡守华，徐英，王俊生，等，2009. 土壤水分和养分时空变异性与作物产量的关系［J］. 农业工程学报，25 （12）：26－31.

陈爱侠，2007. 陕西省水资源利用效率及其影响因素分析［J］. 西北林学院学报，22 （1）：178－182.

陈伏龙，郑旭荣，2011. 莫索湾灌区 1998—2007 年地下水埋深变化及影响因素［J］. 武汉大学学报工学版，44 （3）：317－320.

陈皓锐，高占义，2012. 基于 modflow 的潜水位对气候变化和人类活动改变的响应［J］. 水利学报，43 （3）：344－353.

曹建廷，2005. 水匮乏指数及其在水资源开发利用中的应用［J］. 中国水利，9：22－24.

曹麟，刘家宏，秦大庸，等，2011. 基于区域水资源承载力的山西水生态建设［J］. 中国农村水利水电 （11）：1－4.

曹永义，2018. 基于网络搜索数据的汽车销量预测方法研究［D］. 成都：电子科技大学.

陈莉，石培基，魏伟，等，2013. 干旱区内陆河流域水贫困时空分异研究——以石羊河为例［J］. 资源科学，35 （7）：1373－1379.

程序，2007. 中国可持续发展总纲——中国农业与可持续发展［M］. 北京：科学出版社.

曹茜，刘锐，2012. 基于 WPI 模型的赣江流域水资源贫困评价［J］. 资源科学，34 （7）：1306－1311.

常远，夏朋，王建平，2015. 水—能源—粮食纽带关系概述及对我国的启示［J］. 水利发展研究，16 （5）：67－70.

蔡振华，沈来新，刘俊国，等，2012. 基于投入产出方法的甘肃省水足迹及虚拟水贸易研究［J］. 生态学报，32 （20）：6481－6488.

董磊华，熊立华，2012. 气候变化与人类活动对水文影响的研究进展［J］. 水科学进展，23 （2）：278－285.

邓鹏，陈菁，陈丹，等，2017. 区域水—能源—粮食耦合协调演化特征研究——以江苏省为例［J］. 水资源与水工程学报，28 （6）：232－238.

董四方，董增川，陈康宁，2010. 基于 DPSIR 概念模型的水资源系统脆弱性分析［J］. 水资源保护，26（4）：13-25.

董新光，邓铭江，2005. 新疆地下水资源 [M]. 乌鲁木齐：新疆科技出版社.

杜玉娇，何新林，2012. 水均衡法评价玛纳斯河流域莫索湾灌区地下水资源 [J]. 中国农村水利水电（9）：63-65.

方创琳，鲍超，乔标，2008. 城市化过程与生态环境效应 [M]. 北京：科学出版社.

傅湘，纪昌明，1999. 区域水资源承载能力综合评价——主成分分析法的应用 [J]. 长江流域资源环境，8（2）：168-173.

樊怀玉，郭志仪，等，2002. 贫困论——贫困与反贫困的理论与实践 [M]. 北京：民族出版社.

封志明，杨艳昭，宋玉，等，2003. 中国县域土地利用结构类型研究 [J]. 自然资源学报，18（5）：552-561.

国家统计局.1997—2019年中国统计年鉴 [M]. 北京：中国统计出版社.

高铁梅，2006. 计量经济分析方法与建模：EViews 应用与实例 [M]. 北京：清华大学出版社.

高艺函，2016. 河北省城乡公共资源配置均等化的路径分析 [D]. 石家庄：河北科技大学.

高占义，2013. 我国水资源面临的挑战与应对之策 [J]. 中国井冈山干部学院学报，4：123-127.

郭莉，苏敬勤，徐大伟，2005. 基于哈肯模型的产业生态系统演化机制研究 [J]. 中国软科学（11）：156-160.

郭丽君，2011. 基于和谐论的水资源管理理论方法及应用研究 [D]. 郑州：郑州大学.

高燕，2002. 城乡水资源分配不公问题及对策 [J]. 水利经济，1：29-32.

黄昌硕，耿雷华，王立群，等，2010. 中国水资源及水生态安全评价 [J]. 人民黄河，32（3）：14-16.

何栋材，徐中民，王广玉，2009. 水贫困测量及应用的国际研究进展 [J]. 干旱区地理，32（2）：296-303.

伏吉芮，瓦哈甫·哈力克，姚一平，2016. 吐鲁番地区水资源—经济—生态耦合协调发展分析 [J]. 节水灌溉，12：94-98，102.

黄晶，宋振伟，陈阜，2010. 北京市水足迹及农业用水结构变化特征 [J]. 生态学报，30（23）：6546-6554.

哈肯赫尔曼·协同学，1984. [M] 北京：原子能出版社，384-396.

靳春玲，贡力，2010. 水贫困指数在兰州市水安全评价中的应用研究 [J]. 人民黄河，32（2）：70-71，89.

姜锋，王丽霞，孙烨，2012. 陕北延河流域水土资源承载力评价研究 [J]. 地下水，34（4）：117-120.

贾佳，严岩，王辰星，等，2012. 工业水足迹评价与应用 [J]. 生态学报，32（20）：6558-6565.

姜磊，季民河，2011. 基于 STIRPIT 模型的中国能源压力分析基于空间计量经济学模型的

视角 [J]. 地理科学, 31 (9): 1073 - 1077.

焦士兴, 王安周, 张馨歆, 等, 2020. 经济新常态下河南省产业结构与水资源耦合协调发展研究 [J]. 世界地理研究, 29 (2): 358 - 365.

鞠秋立, 2004. 我国水资源管理理论与实践研究 [D]. 长春: 吉林大学.

焦雯珺, 闵庆文, 成升魁, 等, 2011. 污染足迹及其在区域水污染压力评估中的应用——以太湖流域上游湖州市为例 [J]. 生态学报, 31 (19): 5599 - 5606.

姜文来, 2001. 中国 21 世纪水资源安全对策研究 [J]. 水科学进展, 12 (1): 66 - 71.

龙爱华, 徐中民, 王新华, 等, 2006. 人口、富裕及技术对 2000 年中国水足迹的影响 [J]. 生态学报, 26 (10): 3358 - 3365.

廖重斌, 1999. 环境与经济协调发展的定量评判及其分类体系——以珠江三角洲城市群为例 [J]. 热带地理, 19 (2): 171 - 177.

陆垂裕, 孙青言, 2014. 基于水循环模拟的干旱半干旱地区地下水补给评价 [J]. 水利学报 (6): 701 - 711.

刘穷志, 2010. 转移支付激励与贫困减少——基于 PSM 技术的分析 [J]. 中国软科学 (9): 8 - 15.

陆大道, 2001. 中国区域发展报告 (2000) [M]. 北京: 科学出版社.

李桂君, 黄道涵, 李玉龙. 2016a. 水—能源—粮食关联关系: 区域可持续发展研究的新视角 [J]. 中央财经大学学报, 12: 76 - 90.

李桂君, 黄道涵, 李玉龙, 2017. 中国不同地区水—能源—粮食投入产出效率评价研究 [J]. 经济社会体制比较, 191 (3): 138 - 148.

李桂君, 李玉龙, 贾晓菁, 等. 2016b. 北京市水—能源—粮食可持续发展系统动力学模型构建与仿真 [J]. 管理评论, 28 (10): 11 - 26.

李传彬, 2012. 农村水资源现状及对策分析 [J]. 水利科技, 1: 105.

李吉玫, 徐海量, 宋郁东, 等, 2007. 伊犁河流域水资源承载力的综合评价 [J]. 干旱区资源与环境, 21 (3): 39 - 43.

刘家学, 1998. 对指标属性有偏好信息的一种决策方法 [J]. 系统工程理论与实践 (2): 54 - 57.

李娜, 孙才志, 范斐, 2010. 辽宁沿海经济带城市化与水资源耦合关系分析 [J]. 地域研究与开发, 29 (4): 47 - 51.

李思佳, 2013. 基于灾害风险分析的农业气象指数保险研究——以江苏省冬小麦为例 [D]. 南京: 南京信息工程大学.

李同升, 徐冬平, 2006. 基于 SD 模型下的流域水资源—社会经济系统时空协同分析 [J] ——以渭河流域关中段为例. 地理科学, 26 (5): 551 - 556.

李玉恒, 刘彦随, 2013. 中国城乡转型中资源与环境问题解析 [J]. 经理地理, 33 (1): 61 - 65.

李周, 于法稳, 2005. 西部地区农业生产效率的 DEA 分析 [J]. 中国农村观察, 6: 2 - 10.

刘卫东, 陆大道, 1993. 水资源短缺对区域经济发展的影响 [J]. 地理科学, 13 (1): 9 - 16, 95.

李新文，陈强强，等，2005. 甘肃河西内陆河流域社会化水资源稀缺评价 [J]. 中国人口·资源与环境，15 (6)：85-89.

刘艳华，钱凤魁，王文涛，等，2013. 应对气候变化的适应技术框架研究 [J]. 中国人口·资源与环境，23 (5)：1-6.

刘艳华，徐勇，2015. 中国农村多维贫困地理识别及类型划分 [J]. 地理学报，70 (6)：993-1007.

刘彦随，2019. 中国新时代城乡融合与乡村振兴 [J]. 地理学报，73 (4)：637-650.

李云玲，郭旭宁，郭东阳，2017. 水资源承载能力评价方法研究及应用 [J]. 地理科学进展，36 (3)：342-349.

骆永民，2010. 中国城乡基础设施差距的经济效应分析——基于空间面板计量模型 [J]. 中国农村经济，3：60-76，83.

李玉敏，王金霞，2009. 农村水资源短缺：现状、趋势及其对作物种植结构的影响：基于全国 10 个省调查数据的实证分析 [J]. 自然资源学报，24 (2)：200-208.

刘莹，2014. 基于哈肯模型的我国区域经济协同发展驱动机制研究 [D]. 长沙：湖南大学.

刘颖琦，郭名，2009. 西部贫困县经济发展与农民收入增长研究——以内蒙古自治区为例 [J]. 中国软科学 (12)：80-89.

李勇，王金南，2006. 经济与环境协调发展综合指标与实证分析 [J]. 环境科学研究，19 (2)：62-65.

李玉照，刘永，颜小品，等，2012. 基于 DPSIR 模型的流域生态安全评价指标体系研究 [J]. 北京大学学报：自然科学版，48 (6)：971-981.

刘志明，刘少玉，2006. 新疆玛纳斯河流域平原区水资源组成和水循环 [J]. 水利学报，37 (9)：1102-1107.

刘渝，王送，2012. 农业水资源利用效率分析——全要素水资源调整目标比率的应用 [J]. 华中农业大学学报 (社会科学版)，6：26-30.

买亚宗，孙福丽，黄枭枭，等，2014. 中国水资源利用效率评估及区域差异研究 [J]. 环境保护科学，40 (5)：1-7.

苗长虹，张建伟，2012. 基于演化理论的我国城市合作机理研究 [J]. 人文地理，27 (1)：54-59.

苗贵安，2013. 从公共政策视角看完善我国公民利益表达机制 [J]. 理论导刊 (1)：31-33.

马豪，2012. 新疆水资源生态足迹与用水效率研究 [D]. 乌鲁木齐：新疆大学.

米红，周伟，2010. 未来 30 年我国粮食，淡水，能源需求的系统仿真 [J]. 人口与经济，178 (1)：1-7.

满莉，2012. 城乡一体化中农村公共产品配置优化研究 [J]. 江苏社会科学 (4)：75-79.

马丽，金凤君，刘毅，2012. 中国经济与环境污染耦合度格局及工业结构解析 [J]. 地理学报，10 (10)：1299-1307.

马晓河，方松海，2006. 中国的水资源状况与农业生产 [J]. 中国农村经济 (10)：4-11.

马骁，王宇，张岚东，2011. 消减城乡公共产品供给差异的策略——基于政治支持差异假设的探视［J］. 经济学家（1）：43 - 48.

彭水军，包群，2006. 中国经济增长与环境污染：基于时序数据的经验分析（1985—2003）
　　［J］. 当代财经（7）：5 - 12.

彭少明，郑小康，王煜，等，2017. 黄河流域水资源—能源—粮食的协同优化［J］. 水科
　　学进展，28（5）：681 - 190.

覃成林，唐永，2007. 河南区域经济增长俱乐部趋同研究［J］. 地理研究，26（3）：
　　548 - 555.

钱军强，2001. 基于水资源合理利用与保护的可持续发展研究［D］. 杭州：浙江工业大学.

覃雄合，孙才志，王泽宇，2014. 代谢循环视角下的环渤海地区海洋经济可持续发展测度
　　［J］. 资源科学，36（12）：2647 - 2656.

史丹，赵剑波，邓洲，2018. 推动高质量发展的变革机制和政策措施［J］. 财经问题研究，
　　2：19 - 28.

武小龙，2020. 城乡对称互惠共生发展：一种新型城乡关系的解释框架［J］. 农业经济问
　　题，4：14 - 22.

盛选义，2012. 时间序列分位数回归模型的实证分析［D］. 天津：天津大学.

孙才志，董璐，韩琴，2015. 水贫困背景下中国农村水资源援助战略研究［J］. 水利经济，
　　1：37 - 43，75.

孙才志，刘文新，吴永杰，等，2017. 中国水贫困研究［M］. 北京：科学出版社.

孙才志，林学钰，王金生，2002. 水资源系统模糊优化调度中的动态 AHP 及应用［J］. 系
　　统工程学报，17（6）：551 - 561.

孙才志，刘玉玉，陈丽新，等，2010. 基于基尼系数和锡尔指数的中国水足迹强度时空差
　　异变化格局［J］. 生态学报，30（5）：1312 - 1321.

孙才志，童艳丽，刘文新，2017. 中国绿色化发展水平测度及动态演化规律研究［J］. 经
　　济地理，37（2）：15 - 22.

孙才志，汤玮佳，邹玮，2013. 中国农村水贫困与城市化、工业化进程的协调关系研究
　　［J］. 中国软科学，7：86 - 100.

孙才志，王雪妮，2011. 基于 WPI-ESDA 模型的中国水贫困评价及空间关联格局分析［J］.
　　资源科学，33（6）：1072 - 1082.

孙才志，王雪妮，邹玮，2012. 基于 WPI-LSE 模型的中国水贫困测度及空间驱动类型分析
　　［J］. 经济地理，32（3）：9 - 15.

孙才志，吴永杰，刘文新，2017. 基于熵权 TOPSIS 法的大连市水贫困评价及障碍因子分
　　析［J］. 水资源保护，33（4）：1 - 8.

孙才志，谢巍，2011. 中国水资源利用效率驱动效应测度及空间驱动类型分析［J］. 地理
　　科学，31（10）：1213 - 1220.

孙才志，谢巍，姜楠，等，2010. 我国水资源利用相对效率的时空分异与影响因素［J］.
　　经济地理，11：1878 - 1884.

孙才志，张坤领，李彬，等，2016. 协同演化视角下沿海地区陆海复合系统互动发展研究
　　［C］. 第八届海洋强国战略论坛论文集.

山仑，康绍忠，吴普特，2004. 中国节水农业 [M]. 北京：中国农业出版社.

邵薇薇，杨大文，2007. 水贫乏指数的概念以其在中国主要流域的初步应用 [J]. 水利学报，38（7）：866-872.

宋晓猛，张建云，2013. 气候变化和人类活动对水文循环影响研究进展 [J]. 水利学报，44（7）：779-790.

施雅风，曲耀光，1992. 乌鲁木齐河流域水资源承载力及其合理利用 [M]. 北京：科学出版社，76-93.

唐建荣，王清慧，2013. 基于泰尔熵指数的区域碳排放差异研究 [J]. 北京理工大学学报（社会科学版），15（4）：21-27.

唐红祥，张祥祯，吴艳，等，2018. 中国制造业发展质量与国际竞争力提升研究 [J]. 中国软科学，2：128-142.

唐晓华，张欣珏，李阳，2018. 中国制造业与生产性服务业动态协调发展实证研究 [J]. 经济研究，3：79-93.

田顺花，2013. 水资源的有效规划将结合能源，粮食采取三位一体的思考方式 [J]. 经济研究导刊，189（7）：61-62.

汤水清，2006. 论新中国城乡二元社会制度的形成——从粮食计划供应制度的视角 [J]. 江西社会科学（8）：97-104.

谭秀娟，郑钦玉，2009. 我国水资源生态足迹分析与预测 [J]. 生态学报，29（7）：3559-3568.

王长建，杜宏茹，张小雷，等，2015. 塔里木河流域相对资源承载力研究 [J]. 生态学报，35（9）：1-19.

王贵忠，张莹花，2011. 民勤绿洲地下水埋深变化动态及驱动因子分析 [J]. 人民黄河，33（2）：60-61.

王浩，2007. 中国水资源与可持续发展 [M]. 北京：科学出版社.

王惠文，吴载斌，孟洁，2006. 偏最小二乘回归的线性与非线性方法 [M]. 北京：·国防工业出版社，285-316.

王建华，江东，顾定法，等，1999. 基于 SD 模型的干旱区城市水资源承载力预测研究 [J]. 地理学与国土研究，15（2）：18-22.

王娜，春喜，周海军，等，2020. 干旱区水资源利用与经济发展关系研究——以鄂尔多斯市为例 [J]. 节水灌溉，6：108-113.

王双旺，张金萍，倪伟，2013. 松花江流域综合规划概要 [J]. 东北水利水电，7：13-17，74.

王泽宇，卢雪凤，韩增林，等，2017. 中国海洋增长与资源消耗的脱钩分析及回弹效应研究 [J]. 资源科学，39（9）：1658-1669.

吴季松，2005. 中国可以不缺水 [M]. 北京：北京出版社.

韦润芳，2014. 开都—孔雀河流域水资源承载力研究 [D]. 乌鲁木齐：新疆大学.

王猛飞，高传昌，张晋华，等，2016. 黄河流域水资源与经济发展要素时空匹配度分析 [J]. 中国农村水利水电，58（6）：38-42.

王苏民，林而达，佘之祥，2002. 环境演变对中国西部发展的影响及对策［M］. 北京：科学出版社.

王绍武，董光荣，2002. 中国西部环境特征及其演变［M］. 北京：科学出版社.

王刚毅，刘杰，2019. 基于改进水生态足迹的水资源环境与经济发展协调性评价——以中原城市群为例［J］. 长江流域资源与环境，28（1）：80-90.

王雪妮，孙才志，2011.1996—2008 年中国县级市减贫效应分解与空间差异分析［J］. 经济地理，31（6）：888-894.

王雪妮，孙才志，邹玮.2011b. 中国水贫困和经济贫困空间耦合关系研究［J］. 中国软科学，12：180-192.

王晓云，2006. 农村城镇化进程中的水资源问题［J］. 河北工业科技，23（2）：131-133.

王学渊，赵连阁，2008. 中国农业用水效率及影响因素——基于 1997—2006 年省区面板数据的 SFA 分析［J］. 农业经济问题，3：10-18.

王铮，冯皓洁，许世远，2001. 中国经济发展中的水资源安全分析［J］. 中国管理科学，9（4）：47-56.

王忠静，王海峰，雷志栋，2002. 干旱内陆河区绿洲稳定性分析［J］. 水利学报（5）：26-30.

魏淑艳，邵玉英，2012. 中国城乡社会管理格局失衡的问题及解决思路［J］. 社会科学辑刊（2）：56-59.

魏玮，王洪卫，2010. 房地产价格对货币政策动态响应的区域异质性：基于省际面板数据的实证分析［J］. 财经研究，36（6）：123-132.

魏宁，2010. 时间序列分析方法研究及其在陕西省 GDP 预测中的应用［D］. 咸阳：西北农林科技大学.

吴丽丽，2014. 中国城乡公共资源均衡配置的制度安排研究［D］. 长春：吉林大学.

熊鹰，孙维筠，汪敏，等，2019. 长株潭城市群水资源与经济发展要素的时空匹配［J］. 经济地理，39（1）：88-95.

邢福俊，2001. 加强城市水资源需求管理的现实分析与对策［J］. 当代财经（2）：68-72.

夏军，翟金良，占车生，2011. 我国水资源研究与发展的若干思考［J］. 地球科学进展，26（9）：905-915.

谢书玲，王铮，薛俊波，2005. 中国经济发展中水土资源的"增长尾效"分析［J］. 管理世界（7）：22-25.

辛阳，2016. 休闲农业推动社会主义新农村建设的研究［D］. 石家庄：河北科技大学.

徐中民，程国栋，2000. 运用多目标决策分析技术研究黑河流域中游水资源承载力［J］. 兰州大学学报（自然科学版），36（2）：122-132.

于法稳，2008. 中国粮食生产与灌溉用水脱钩关系分析［J］. 中国农村经济（10）：34-44.

姚建华，陈屹松，赵建安，2000. 西部资源潜力与可持续发展［M］. 武汉：湖北科学技术出版社.

姚俊杰，2017. 阿哈水库水资源保护和生物治理［M］. 北京：中国农业科学技术出版社.

杨美英，齐晓安，2007. 统筹城乡公共产品供给制度创新问题探析 ［J］. 经济纵横，4：6 - 8.

杨天通，赵文晋，周杨，等，2019. 水资源可持续利用及其与经济发展的脱钩分析——以长春市为例 ［J］. 人民长江，50 (4)：135 - 141.

杨裕恒，曹升乐，刘阳，等，2019. 基于水生态足迹的山东省水资源利用与经济发展分析 ［J］. 排灌机械工程学报，37 (3)：256 - 261.

苑清敏，邱静，秦聪聪，2014. 天津市经济增长与资源和环境的脱钩关系及反弹效应研究 ［J］. 资源科学，36 (5)：954 - 962.

杨荣南，1997. 城乡一体化及其评价指标体系初探 ［J］. 城市研究，2：19 - 23.

叶敬忠，2019. 乡村振兴战略：历史沿循、总体布局与路径省思 ［J］. 华南师范大学学报（社会科学版），2：64 - 69.

尹少华，冷志明，2008. 基于共生理论的“行政区边缘经济”协同发展：以武陵山区为例 ［J］. 经济地理，28 (2)：242 - 246.

杨伟，2018. 浅析职业教育与乡村振兴 ［J］. 现代职业教育，26：21 - 26.

杨羽頔，孙才志，2014. 环渤海地区陆海统筹度评价与时空差异分析 ［J］. 资源科学，36 (4)：691 - 701.

杨玉蓉，张青山，邹君，2013. 基于村级尺度的农村水贫困评价——以常德澧县梅家港村为例 ［J］. 生态经济 (7)：24 - 28，32.

杨振，敖荣军，王念，等，2017. 中国环境污染的健康压力时空差异特征 ［J］. 地理科学，37 (3)：339 - 346.

杨振华，苏维词，赵卫权，2016. 岩溶地区水资源与经济发展脱钩分析 ［J］. 经济地理，36 (10)：159 - 165.

朱锋，魏国孝，王德军，等，2008. 基于 SD 模型的肃州区水资源承载力 ［J］. 兰州大学学报（自然科学版），44 (3)：1 - 5.

中国科学院可持续发展战略研究组，2007. 中国可持续发展战略报告——水：治理与创新 ［M］. 北京：科学出版社.

张焕波，周京，2013. 中国实施绿色发展的公共政策研究 ［M］. 北京：中国经济出版社.

张宏武，2014. 生态文明建设视角下的天津生态效率评价——基于脱钩理论的分析 ［J］. 天津商业大学学报，34 (5)：3 - 9.

张慧，王洋，2017. 中国耕地压力的空间分异及社会经济因素影响——基于 342 个地级行政区的面板数据 ［J］. 地理研究，36 (4)：731 - 742.

张晶，2017. 基于粮食发展指数的我国粮食生产发展变化和区域差异分析 ［J］. 江苏农业科学，45 (14)：257 - 261.

郑树旺，边小涵，2016. 旅游业与环境污染治理协同发展机制研究——基于哈肯模型的实证 ［J］. 生态经济，32 (9)：122 - 125.

朱金峰，梁忠民，汤晓芳，2013. 湖南省农村水资源保护现状评价与趋势预测 ［J］. 南水北调与水利科技，11 (3)：6 - 11.

郑佳佳，2013. 基于 Theil 指数的区域 CO_2 排放强度差异分析——来自 47 个国家的证据

［J］. 华东经济管理，8：29－34.

左其亭，张云，2009. 人水和谐量化研究方法及应用［M］. 北京：中国水利水电出版社.

左其亭，张志卓，姜龙，等，2020. 全面建设小康社会进程中黄河流域水资源利用效率时空演变分析［J］. 水利水电技术，51（12）：16－25.

赵荣钦，李志萍，韩宇平，等，2016. 区域"水—土—能—碳"耦合作用机制分析［J］. 地理学报，71（9）：1613－1628.

张荣天，焦华富，2015. 中国省际耕地利用效率时空格局分异与机制分析［J］. 农业工程学报，2：277－287.

张翔，夏军，贾绍凤，等，2005. 水安全定义及其评价指数的应用［J］. 资源科学，27（3）：145－149.

张晓鹏，张鑫，2009. 基于模糊综合评价法的区域水资源承载力研究［J］. 中国农村水利水电（7）：18－21.

张郁，邓伟，杨剑锋，2005. 东北地区的水资源问题、供需态势及对策研究［J］. 经济地理，25（4）：565－568.

张耀光，1986. 最小方差在农业类型（或农业区）划分中的应用——以我国粮食作物结构类型划分为例［J］. 经济地理，6（1）：49－55.

张燕，徐建华，曾刚，等，2009. 中国区域发展潜力与资源环境承载力的空间关系分析［J］. 资源科学，31（8）：1328－1334.

张永岳，2011. 我国城乡一体化面临的问题与发展思路［J］. 华东师范大学学报，1：24－31.

赵良仕，2014. 中国省际水资源利用效率测度、收敛机制与空间溢出效应研究［D］. 大连：辽宁师范大学.

周维博，李佩成，2003. 干旱半干旱地域灌区水资源综合效益评价体系研究［J］. 自然资源学报，18（3）：288－292.

Acreman M，Dunbar M J，2004. Defifining environmental river flow requirements—a review［J］. Hydrology and Earth System Sciences，8：861－876.

Ahmad Q K，2003. Towards poverty alleviation：the water sector perspectives［J］. Int J Water Resour Dev，19（2）：263－277.

Allan T，2001. The middle east water question：Hydropolitics and the global economy［M］. London：I. B. Tauris.

Bakker K J，2001. Paying for water：Water pricing and equity in England and Wales［J］. Transactions of the Institute of British Geographers，26（2）：143－164.

Bazilian M，Rogner H，Howells M，et al. ，2011. Considering the energy，water and food nexus：Towards an integrated modeling approach［J］. Energy Policy，39：7896－7960.

Biswas A K，1991. Water for sustainable development in the 21st century［J］. Water International，16（2）：219－224.

Brauman K A，Richter B D，Postel S，Malsy M，Florke M，2016. Water depletion：An improved metric for incorporating seasonal and dry－year water scarcity into water risk assessments [J]. Elementa Science of the Anthropocene, 4: 1-12.

Briscoe J, Whittington D, Altaf M A, Decastro P F, Griffifin C, Okorafor A, Okore A, Singh B, Ramasubban R, Robinson P, Smith V K, 1993. The demand for water in rural - areas—determinants and policy implications [J]. World Bank Research Observer, 8 (1): 47-70.

Brown A, Matlock M D, 2011. A review of water scarcity indices and methodologies [J]. White Paper: The Sustainability Consortium, 19.

Cairncross S, 2003. Editorial: Water supply and sanitation: some misconceptions [J]. Tropical Medicine & International Health, 8: 193-195.

Carey J, Zilberman D, 2006. A Model of Investment under Uncertainty: Mo-dern Irrigation Technology and Emerging Markets in Water [J]. American Journal of Agricultural Economics, 84 (1): 171-183.

Chaves H, Alipaz S, 2007. An integrated indicator based on basin hydrology, environment, life, and policy: the watershed sustainability index [J]. Water Resour Manag, 21 (5): 883-895.

Chenoweth J, 2008. A re-assessment of indicators of national water scarcity [J]. Water International, 33: 5-18.

Chung E S, Lee K S, 2009. Identification of spatial ranking of hydrological vulnerability using multi-criteria decision making techniques: case study of Korea [J]. Water Resour Manag, 23 (12): 2395-2416.

Condon A G, Richards R A, Rebetzke G J, et al., 2002. Improving intrinsic water use efficiency and crop yield [J]. Crop Science, 42: 122-131.

Cook S E, Fisher M J, Andersson M S, Rubiano J, Giordano M. 2009 [J]. Water, food and livelihoods in river basins [J]. Water International, 34 (1): 13-29.

Cullis J, Regan D, 2004. Targeting the water-poor through water poverty mapping [J]. Water Policy, 6: 397-411.

Danny I C, Tomson Ogwang, Christopher Opio, 2010. Simplifying the Water Poverty Index [J]. Soc Indic Res, 97: 257-267.

Dasgupta P, 2001. Human well-being and the environment. Oxford: Clarendon, forthcoming. Erb C B, Harvey C R, Viskanta T E [J]. 1996. Political risk, economic risk, and fifinancial risk. Financial Analysts Journal, 52 (6): 28-46.

Davis N, 2011. Global Risks 2011 Report (6th edition) [M]. Cologne: World Economic Forum.

De Graaf I E M, van Beek L P H, Wada Y, Bierkens M F P, 2014. Dynamic attribution of global water demand to surface water and groundwater resources: Effects of abstractions and return flows on river discharges [J]. Advances in Water Resources, 64: 21-33.

Dennis N, Thomas W, 1988. Risk analysis of seasonal agricultural drought on low pacific islands [J]. Agricultural and Forest Meteorology, 42 (2): 229-236.

Doll P H, Douville A. Guntner H. Muller Schmied, Y. Wada, 2016. Modelling freshwater resources at the global scale: Challenges and prospects [J]. Surveys In Geophysics, 37: 195 – 221.

Doll P H, Hoffmann – Dobrev F T. Portmann S, Siebert A, Eicker M, Rodell G, Strassberg, Scanlon B R, 2012. Impact of water withdrawals from groundwater and surface water on continental water storage variations [J]. Journal of Geodynamics, 59: 143 – 156.

Engelman R, Leroy P, 1993. Sustaining water. Population and the future of renewable water supplies. Population Action International [M]. Washington DC.

Falkenmark M, 1989. The massive water scarcity now threatening Africa: Why isn' t it being addressed [J]. Ambio, 18: 112 – 118.

Falkenmark M, Lindh G, 1974. How can we cope with the water resources situation by the year 2015 [J]. Ambio, 3: 114 – 122.

Falkenmark M, Lindh G, 1976. Water for a starving world [M]. Boulder: Westview Press.

Favreau G, Cappelaere B, Massuel S, Leblanc M, Boucher M, Boulain N, Leduc C. 2009 [J]. Land clearing, climate variability, and water resources increase in semiarid southwest Niger: A review. Water Resources Research, 45: W00A16.

Fenwick C, 2010. Identifying the water poor: an indicator approach to assessing water poverty in Rural Mexico [M]. United Kingdom: University College London, London.

Food and Agriculture Organization, 2014. The water – energy – food nexus: a new approach in support of food security and sustainable agriculture [M]. Rome Italy.

Gardner T, Engelman R, 1997. Sustaining water, easing scarcity: A second update [M]. Population Action International. Washington DC.

Gerten D H, Hoff J, Rockstrom J, Jaegermeyr M, Kummu, A V, Pastor, 2013. Towards a revisedplanetary boundary for consumptive freshwater use: Role of environmental flow requirements [J]. Current Opinion in Environmental Sustainability, 5: 551 – 558.

Gerten D, Rockstrom J, Heinke J, Steffen W, Richardson K, Cornell S, 2015. Response to comment on planetary boundaries: Guiding human development on a changing planet [J]. Science, 348: 1217.

Gibbons D C, 1986. The economic value of water [M]. Resources for the Future, Washington, DC.

Giordano M, 2006. Agricultural ground water use and rural livelihoods in sub – Saharan Africa: A first cut assessment [J]. Hydrogeology Journal, 14: 310 – 318.

Guimarães L T, Magrini A, 2008. A proposal of indicators for sustainable development in the management of river basins [J]. Water Resources Management, 22: 1191 – 1202.

Gulati M, Jacobs I, Jooste A, et al. , 2013. The water energy food security nexus: Challenges and opportunities for food security in South Africa [J]. Aquatic Procedia, 1:

150 - 164.

Halbe J, Wostl C P, Lange M A, et al. , 2015. Governance of transitions towards sustainable development the Water - Energy - Food Nexus in Cyprus [J]. Water International, 40 (5 - 6): 877 - 894.

Han Z L, Li B, Zhang K L, 2015. Evaluation and spatial analysis of the equalization of basic public service in urban and rural areas in China [J]. Geogeaphical Research, 34 (11): 2030 - 2048.

Hatem J, Lina A G, 2016. Multidimensional analysis of the water - poverty nexus using a modified Water Poverty Index: a case study from Jordan [J]. Water Policy, 18 (4): 826 - 843.

Hellegers P, Zilberman D, Steduto P, McCornick P, 2008. Interactions between water, energy, food and environment: Evolving perspectives and policy issues [J]. Water Policy, 10 (S1): 1 - 10.

Homer D T, 1995. The ingenuity gap, can poor countries adapt to resource scarcity [J]. Population and Development Review, 21 (3): 587 - 612.

Howard G, 2002. Water quality surveillance: a practical guide [M]. Water, Engineering and Development Centre. Loughborough University, Leicestershire.

Jalilov S M, Varis O, Keskinen M, 2015. Sharing benefits in Transboundary Rivers: An experimental case study of central Asian Water - Energy - Agriculture Nexus [J]. Water (7): 4778 - 4805.

Jaramillo F, Destouni G, 2014. Developing water change spectra and distinguishing change drivers worldwide [J]. Geophyical Research Letters, 41: 8377 - 8386.

Jaramillo F, Destouni G, 2015. Local flow regulation and irrigation raise global human water consumption and footprint [J]. Science, 350: 1248 - 1251.

Jaramillo F, Destouni G. 2015b. Comment on Planetary boundaries: Guiding human development on a changing planet [J]. Science, 348: 1 217.

Jarvis W T, 2013. Water scarcity: Moving beyond indexes to innovative institutions [J]. Groundwater, 51: 663 - 669.

Jemmali H, Matoussi MS, 2013. A multidimensional analysis of water poverty at local scale: application of improved water poverty index for Tunisia [J]. Water Policy, 15 (1): 98 - 115.

Joint Monitoring Programme, 2000. Global Water Supply and Sanitation Assessment 2000 Report Joint Monitoring Programme for Water Supply and Sanitation [M]. WHO/UNICEF Geneva/New York.

Joint Monitoring Programme, 2010. Progress on sanitation and drinking - water: 2010Update. Joint monitoring programme for water supply and sanitation [M]. WHO/UNICEF, Geneva.

Julie W, Jonsson A C, 2013. From Water Poverty to Water Prosperity - A More Participatory Approach to Studying Local Water Resources Management [J]. Water Resour Manage, 27: 695 – 713.

Julie W, Anna C J, 2014. Opening Up the Water Poverty Index — Co – Producing Knowledge on the Capacity for Community Water Management Using the Water Prosperity Index [J]. Society & Natural Resources, 2: 265 – 280.

Juwana I, Perera B J C, Muttil N, 2010. A water sustainability index for west java [J]. Water Science and Technology, 62: 1629 – 1640.

Juwana I, Muttil N, Perera B J C, 2012. Indicator – based water sustainability assessment — A review [J]. Science of the Total Environment, 438: 357 – 371.

Karlberg L, Hoff H, Amsalu T, et al., 2015. Tackling complexity: Understanding the food – energy – environment nexus in Ethiopia's Lake Tana sub – basin [J]. Water Alternatives, 8 (1): 710 – 734.

Larris, 2012. Water Rich, Resource Poor: Intersections of Gender, Poverty, and Vulnerability in Newly Irrigated Areas of Southeastern Turkey [J]. World Development, 36 (12): 2643 – 2662.

Leach M, Scoones I, Stirling A, 2007. Pathways to sustainability: An overview of the steps centre approach [M]. STEPS Approach Paper, Brighton: STEPS Centre.

Lehner B C R. Liermann C, Revenga C, Vorosmarty B, Fekete P, Crouzet P Doll, Endejan M, et al., 2011. High – resolution mapping of the world's reservoirs and dams for sustainable river – flow management [J]. Frontiers in Ecology and the Environment, 9: 494 – 502.

Lilienfeld A, Asmild M, 2007. Estimation of excess water use in irrigation agriculture: A Data Envelopment Analysis approach [J]. Agricultural Water Management, 94: 73 – 82.

Loucks D P, Gladwell J S, 1999. Sustainability criteria for water resource systems [M]. Cambridge: Cambridge University Press.

Love I, Zicchino L, 2006. Financial Development and Dynamic Investment Behavior: Evidence from Panel VAR [J]. The Quarterly Review of Economics and Finance, 46 (2): 190 – 210.

Lvovich M I, 1979. World water resources and their future [J]. Geo Journal, 3: 423 – 433.

MacDonald A M, Bonsor H C, O' Dochartaigh B E, Taylor R G, 2012. Quantitative maps of groundwater resources in Africa [J]. Environmental Research Letters, 7: 1 – 7.

Nardo M, Saisana M, Saltelli A, Tarantola S, Hoffman A, Giovannini E, 2005. Handbook on constructing composite indicators: methodology and user guide [M]. OECD Statistics Working Paper. OECD, Paris.

Néné Makoya Toure, Alioune Kane, Jean FranÇois Noel, et al., 2012. Water – poverty relationships in the coastal town of Mbour (Senegal): Relevance of GIS for decision support [J]. International journal of applied earth observation and geoinformation, 33 – 39.

Ohlsson L. 1999a. Environment, scarcity and conflict: A study of Malthusian concerns [R].

Goteborg: Department of Peace and Development Research, Goteborg University.

Ohlsson L. 1999b. Water Conflicts and Social Resource Scarcity [J]. Den Haag: European Geophysical Society, 12 - 23.

Ohlsson L, 2000. Water conflicts and social resource scarcity [J]. Phys Chem Earth, 25 (3): 213 - 220.

Phil Adkins, Len Dyck, 2007. Canadian water sustainability index [J]. Project Report: 1 - 27.

Ramasubban R, Robinson P, Smith V K, 1993. The demand for water in rural - areas — determinants and policy implications [J]. World Bank Research Observer, 8 (1): 47 - 70.

Richey A S, Thomas B F, Famiglietti J S, Swenson S, Rodell M, 2015. Uncertainty in global groundwater storage estimates in a total groundwater stress framework [J]. Water Resources Research, 51: 5198 - 5216.

Rijsberman F R, 2006. Water scarcity: Fact or fiction [J]. Agricultural Water Management, 80: 5 - 22.

Rockstrom J M. Falkenmark, 2015. Agriculture: Increase in water harvesting in Africa [J]. Nature, 519: 7543.

Rogers P, 1992. Comprehensive water resources management [M]. New York: World Bank.

Salameh E, 2000. Redefining the water poverty index [J]. Water International, 25 (3): 469 - 473.

Savenije, 1999. Water scarcity indicators: The deception of numbers [J]. Physics and Chemistry of the Earth, 25: 199 - 204.

Schewe J, Heinke J, Gerten D, Haddeland I, Arnell N W, Clark D B, Dankers R, Eisner S, et al., 2013. Multi - model assessment of water scarcity under climate change [J]. Proceedings of the National Academy Sciences, 111: 3245 - 3250.

Schneider P J, Schauer B A, 2006. HAZUS: Its development and its future [J]. Natural Hazards Review, 7 (2): 40 - 44.

Seckler D, Amarasinghe U, David M, Silve R, Barker R, 1998. World water demand and supply. Scenarios and issue research report 19, 1990—2025 [M]. Colombo: International Water Management Institute.

Seckler D, Molden D, Barker R. 1998b. Water scarcity in the twenty - fifirst century [M]. Colombo: IWMI Water Brief 2, International Water Management Institute.

Shah T, van Koppen B, 2006. Is India ripe for integrated resources management? Fitting water policy to national development context [J]. Econ Polit Wkly, 41 (31): 3413 - 3421.

Shamsudduha M, Taylor R G, Ahmed K M, Zahid A, 2011. The impact of intensive groundwater abstraction on recharge to a shallow regional aquifer system: Evidence from Bangladesh [J]. Hydrogeology Journal, 19: 901 - 916.

Shuval H, 1992. A regional water for peace plan [J]. Water International, 17 (3):

133 - 143.

Silverman B W, 1986. Density Estimation for Statistics and Data Analysis [M]. London: Chapman and hall.

Stuart B, Vincent L, Versace, et al., 2012. Assessment of spatiotemporal varying relation-ships between rainfall, land cover and surface water area using geographically weighted re-gression [J]. Environmental Modeling & Assessment, 17 (3): 241 - 254.

Sullivan Caroline, 2000. The development of a water poverty index: A feasibility study [R]. Department for International Development, Centre for Ecology & Hydrology.

Sullivan Caroline, 2001. Comments on redefifining the water poverty index by Elias Salameh [J]. Water International, 26 (2): 292 - 293.

Sullivan Caroline, Hatem Jemmali, 2014. Toward Understanding Water Conflicts in MENA Region: A Comparative Analysis Using Water Poverty Index [J]. The Economic Research Forum (ERF), 8: 1 - 24.

Sullivan C A, Meigh J, 2007. Integration of the biophysical and social sciences using an indi-cator approach: addressing water problems at different scales [J]. Water Resour Manag, 21 (1): 111 - 128.

Sun CZ, Wu YJ, Zou W, Zhao LS, Liu WX, 2018. A Rural Water Poverty Analysis in China Using the DPSIR - PLS Model [J]. Water Resour Manage, 32: 1933 - 1951.

Taniguchi M, Endo A, Gurdak J et al., 2017. Water - food - energy nexus in Asia and the Pacific Region [J]. Journal of Hydrology: Regional Studies, 11: 1 - 8.

Taylor R, 2009. Rethinking water scarcity: The role of storage [J]. Eos, Transactions A-merican Geophysical Union, 90: 237 - 238.

Taylor R G, Scanlon B R, Doell P, Rodell M, van Beek L, Wada Y, Longuevergne L, LeBlanc M, Famiglietti J S, Edmunds M, Konikow L, Green T, Chen J, Taniguchi M, Bierkens M F P, MacDonald A, Fan Y, Maxwell R, Yechieli Y, Gurdak J, Allen D, Shamsudduha M, Hiscock K, Yeh P, Holman I, Treidel H, 2013. Groundwater and cli-mate change [J]. Nature Climate Change, 3: 322 - 329.

United Nations Development Programme, 2000. Human development Report 2000 [M]. New York: United Nations Publications.

UNEP, 2016. Global environment outlook 3: past, present and future perspectives [M]. United Nations Environment Programme/Earthscan Publications Ltd, Nairobi.

United Nations, 2016. Indicators of sustainable development: guidelines and methodologies [M]. United Nations, Department of Economic and Social Affairs, New York.

Van Beek L P H, Wada Y, Bierkens M F P, 2011. Global monthly water stress: 1. Water balance and water availability: global monthly water stress, 1. Water Resources Research 47: W07517.

Villholth K, Tøttrup C, Stendel M, Maherry A, 2013. Integrated mapping of groundwater drought risk in the SouthernAfrican Development Community (SADC) region [J].

Hydrogeology Journal, 21: 863 - 885.

Vorosmarty C J, 2010. Global Threats to Human Water Security and River Biodiversity [J]. Nature, 467: 555 - 561.

Wada Y, 2013. Human and climate change impacts on global water resources [R]. Ph. D. Thesis, Utrecht, the Netherlands: University of Utrecht.

Wada Y, Bierkens M F P, 2014. Sustainability of global water use: Past reconstruction and future projections [J]. Environmental Research Letters, 9: 104003.

Wada Y D, Wisser M, Bierkens F P, 2014. Global modelling of withdrawal, allocation and consumptive use of surface water and groundwater resources [J]. Earth System Dynamics, 5: 15 - 40.

Walmsley J J, 2002. Framework for measuring sustainable development in catchment systems [J]. Environ Manag, 29 (2): 195 - 206.

Ward F A, 2007. Decision support for water policy: a review of economic concepts and tools [J]. Water Policy, 9: 1 - 31.

Wenxin Liu, Caizhi Sun, Minjuan Zhao, Yanli Tong, Haidong Du, 2019. Synergistic Developmental Study of Water Poverty in Urban and Rural China [J]. Water International, 1: 1 - 15.

Wenxin, Liu, Caizhi Sun, Wei Zou, 2016. Water Poverty in Urban and Rural China Considered Through the Harmonious and Developmental Ability Model [J]. Water resources management, 3.

Wenxin Liu, Minjuan Zhao, Caizhi Sun, Yongjie Wu. Application of a DPSIR Modeling Framework to Assess Differences of Water Poverty in China [J]. Journal of the American Water Resources Association.

Wenxin Liu, Minjuan Zhao, Wei Hu. 2019a. Spatial - Temporal Variation of Water Poverty in Rural China Considered through the KDE and ESDA Model [M]. Natural Resources Forum.

Winpenny J, 1994. Managing water as an economic resource [M]. London, NY: Routledge.

World Bank, 1993. Water resources management [M]. Washington, DC: The World Bank.

World Commission on Environment and Development, 1987. Our common future [M]. Oxford: Oxford University Press.

World Health Organization/United Nations Children's Fund, 2000. Global water supply and sanitation assessment 2000 Report [M]. WHO and UNICEF Joint Monitoring Programme for Water Supply and Sanitation (JMP), New York, Geneva.

Yang, Hong, Peter Reichert, Karim C Abbaspour, Alexander JB Zehnder, 2003. A water resources threshold and its implications for food security [J]. Environmental Science & Technology, 37: 3048 - 3054.

Zeitoun M, Lankford B, Krueger T, Forsyth T, Carter R, Hoekstra A Y, Taylor R, Varis O, 2016. Reductionist and integrative research approaches to complex water security policy Challenges [J]. Global Environmental Change, 39: 143 – 154.

Zuo T Y, 2007. Recycling Economy and Sustainable Development of Materials, 3th China Conference on Membrane Science and Technology [R]. Beijing: Beijing University of Technology.

Multsch, S., Elshamy, M. E., Batarseh, S., et al., 2017. Improving irrigation efficiency will be insufficient to meet future water demand in the Nile Basin [J]. Journal of Hydrology: Regional Studies, 12: 315 – 330.

Schuck, E, Frasier, M., Gratton, R, et al., 2007. Retirement and Adoption of More Technically Efficient Irrigation Systems [J]. Journal of Agricultural & Resource Economics, 32 (3): 562.